有效数学教学探索与实践

邓黎江　李国栋　卢荣闯　著

北方文艺出版社

哈尔滨

图书在版编目（CIP）数据

有效数学教学探索与实践/邓黎江,李国栋,卢荣闯著.-- 哈尔滨:北方文艺出版社,2024.12.

ISBN 978-7-5317-6468-7

Ⅰ.O1

中国国家版本馆CIP数据核字第2024PZ6567号

有效数学教学探索与实践
YOUXIAO SHUXUE JIAOXUE TANSUO YU SHIJIAN

作　　者 / 邓黎江　李国栋　卢荣闯	
责任编辑 / 邢　也	封面设计 / 郭婷
出版发行 / 北方文艺出版社	邮　　编 / 150008
发行电话 / (0451) 86825533	经　　销 / 新华书店
地　　址 / 哈尔滨市南岗区宣庆小区1号楼	网　　址 / www.bfwy.com
印　　刷 / 北京四海锦诚印刷技术有限公司	开　　本 / 787mm×1092mm　1/16
字　　数 / 200千字	印　　张 / 16
版　　次 / 2024年12月第 1 版	印　　次 / 2024年12月第 1 次印刷
书　　号 / ISBN 978-7-5317-6468-7	定　　价 / 68.00元

前 言

通过将数学知识与实际问题相结合，项目式学习能够使学生在解决具体问题的过程中，应用和巩固所学的数学理论。例如，教师可以设计与现实生活相关的数学项目，如预算编制、数据分析等，让学生在真实情境中运用数学知识。这种实践导向的教学方式不仅提升了学生的实际操作能力，还增强了他们对数学的理解和兴趣。现代教育技术工具，如数学软件、在线平台和互动白板，可以使数学教学变得更加生动和有趣。通过这些工具，教师可以创建动态的数学模型，演示复杂的数学概念，并实时跟踪学生的学习进度。技术的应用不仅能够丰富教学手段，还能提高学生的学习体验和效果。评价不仅仅是对学生学习成果的检测，更是对教学方法和策略的反馈。通过实施过程性评价，教师可以实时了解学生的学习状况，及时调整教学策略。形成性评价也能够帮助学生识别自身的学习问题，并针对性地进行改进。这种评价机制不仅能够提升教学质量，还能促进学生的全面发展。

本书旨在为广大教育工作者提供系统、全面的数学教学指导。本书围绕有效数学教学的理论与实践，探讨了从基础理念到具体实施的各个方面，并以数学建模实践为平台，致力于提升教师教学的创新性、实践性和学生学习的主动性、创造性。本书编写的目的在于帮助教师理解并应用有效数学教学的理论基础，设计和开发符合标准的数学课程，运用多种教学方法与策略，创新实践"定制教育"理念，管理和组织高效的数学课堂，并进行科学的教学评估与反馈。全书涵盖了有效数学教学的理论基础、课程设计与开发、教学方法与策略、"定制化"有效数学教学实践、课堂管理与组织、教学评估与反馈、技术应用、教学资源开发与利用、师生互动、教师的专业发展以及数学教学的创新与改革。

  作者在写作本书的过程中,借鉴了许多前辈的研究成果,在此表示衷心的感谢。由于本书需要探究的层面比较深,作者对一些相关问题的研究不透彻,加之写作时间仓促,书中难免存在一定的不妥和疏漏之处,恳请前辈、同行以及广大读者指正。

目 录

第一章 有效数学教学的理论基础 ······ 1
  第一节 有效数学教学的基本理念 ······ 1
  第二节 有效数学教学的定义与特征 ······ 9
  第三节 有效数学教学中的学习理论 ······ 16
  第四节 有效数学教学的目标与意义 ······ 24

第二章 有效数学课程设计与开发 ······ 29
  第一节 有效数学课程标准与框架 ······ 29
  第二节 有效数学课程内容的选择与组织 ······ 41
  第三节 有效数学教材的编写与评估 ······ 45
  第四节 有效数学课程的创新与发展 ······ 49

第三章 有效数学教学方法与策略 ······ 51
  第一节 有效数学传统教学方法与现代教学方法 ······ 51
  第二节 有效数学探究式教学与问题导向学习 ······ 62
  第三节 有效数学伙伴式教学与小组合作学习 ······ 73
  第四节 有效数学差异化教学与个性化辅导 ······ 81

第四章 "定制化"有效数学教学实践 ······ 88
  第一节 "定制化"数学课程内容的有效重构 ······ 88
  第二节 "定制化"数学教学模块的有效设计 ······ 94
  第三节 "定制化"数学模块任务的有效管理 ······ 101
  第四节 "定制化"项目任务学习的效度检验 ······ 107

第五章 有效数学课堂管理与组织 ······ 109
  第一节 有效数学课堂环境的营造 ······ 109
  第二节 有效数学课堂秩序的维护 ······ 114
  第三节 有效数学课堂活动的组织与实施 ······ 116
  第四节 有效数学课堂管理中的问题与对策 ······ 121

第六章　有效数学教学评估与反馈 ……… 125
第一节　有效数学教学评估的基本原则 ……… 125
第二节　有效数学形成性评估与总结性评估 ……… 127
第三节　有效数学评估工具与方法 ……… 129
第四节　有效数学教学反馈与改进策略 ……… 132

第七章　有效数学教学中的技术应用 ……… 136
第一节　有效数学教学技术平台 ……… 136
第二节　有效数学多媒体与信息技术辅助教学 ……… 145
第三节　有效数学大模型与人工智能辅助教学 ……… 149
第四节　有效数学在线教学与远程教育 ……… 153

第八章　有效数学教学资源的开发与利用 ……… 163
第一节　有效数学教学资源的类型与特点 ……… 163
第二节　有效数学教学资源的开发与设计 ……… 167
第三节　有效数学教学资源的整合与应用 ……… 172
第四节　有效数学教学资源的评价与改进 ……… 176

第九章　有效数学教学中的师生互动 ……… 181
第一节　有效数学师生关系对教学效果的影响 ……… 181
第二节　有效数学师生沟通的策略 ……… 187
第三节　有效数学师生互动中的常见问题及解决 ……… 195
第四节　有效数学师生互动对学生学习的促进 ……… 198

第十章　有效数学教师的专业发展 ……… 204
第一节　有效数学教师的职业素养与专业能力 ……… 204
第二节　有效数学教师的培训与进修 ……… 216
第三节　有效数学教学反思与自我提升 ……… 219
第四节　有效数学教师专业学习社区的建设 ……… 222

第十一章　有效数学教学的创新与改革 ……… 228
第一节　对接"专业"的数学思想融合融汇 ……… 228
第二节　对接"课程"的数学教学能力提升 ……… 233
第三节　对接"竞赛"的数学建模能力培养 ……… 236
第四节　对接"四新"的数学教师教学创新 ……… 239
第五节　对接"人才"的数学课程思政改革 ……… 242

参考文献 ……… 247

第一章 有效数学教学的理论基础

第一节 有效数学教学的基本理念

一、核心素养理念

核心素养是指学生在未来社会中生存和发展的必备能力，具有广泛的适应性和实用性。数学教育在培养学生核心素养方面具有独特的优势，通过数学教育能够系统地培养学生的分析、推理和解决问题的能力，使他们在面对复杂问题时能够运用数学的思想方法进行有效思考和处理。逻辑推理是数学思维的基础，通过解决数学问题，学生能够逐步建立起严密的逻辑思维方式，从而提高他们的推理能力。例如，在解决几何问题时，学生需要运用已知条件，通过逻辑推理得出结论，这一过程不仅提高了他们的逻辑推理能力，也增强了他们的抽象思维能力。数学本质上是一门抽象的科学，通过学习数学，学生能够逐渐掌握从具体事物中抽象出本质特征的能力。这种抽象概括能力不仅在数学学习中起着重要作用，也在其他学科和生活中广泛应用。例如，在学习代数时，学生需要理解变量和函数的概念，这一过程不仅帮助他们掌握了代数知识，还培养了他们的抽象思维能力，使他们能够从复杂的现象中提炼出关键要素，从而更好地理解和解决实际问题。

通过数学教育，学生可以逐步培养和发展自己的空间想象能力。在几何学习中，学生需要理解和掌握各种几何形体的性质和关系，这一过程有助于他们形成清晰的空间概念，增强他们的空间想象力。例如，在学习三维几何时，学生需要通过想象将平面图形转化为立体图形，并通过旋转、平移等操作理解其性质和关系，这不仅提高了他们的空间想象能力，也增强了他们的数学思维能力。学生能够逐渐掌握用数学语言表达自己观点的能力，这对于他们在未来社会中的交流与合作具有重要意义。数学语言的精确性和严密性有助于学生清晰、准确地表达自己的思维过程和结论，从而提高他们的沟通能力。例如，在数学课堂上，教师可以通过组织学生进行数学讨论和辩论，鼓励他们用数学语言表达自己的观点，并通过与同学的交流和互动，提高他们的数学表达与交流能力。

通过真实情景中的问题解决活动，学生可以将数学知识与实际生活相结合，提高他们的实际应用能力。例如，教师可以设计一些与生活相关的数学问题，让学生在解决这些问题的过程中，运用所学的数学知识和方法，提高他们的分析、推理和解决问题的能力。这不仅增强了学生的数学应用能力，也培养了他们的创新精神和实践能力。教师应当根据学生的个性特点和学习需求，采用多样化的教学方法和策略，激发学生的学习兴趣和主动性。教师可以通过情境教学、项目学习等方式，帮助学生理解和掌握数学知识，提高他们的核心素养。在这一过程中，教师不仅要关注学生的知识掌握情况，还要注重培养他们的思维能力、实践能力和创新能力，从而全面提升学生的数学核心素养。通过这些多样化的教学方式和策略，学生能够在实践中不断提高自己的核心素养，为他们的未来发展打下坚实的基础。

二、深度学习理念

深度学习理念强调学生对知识的深度理解和应用，远超表面的机械记忆和浅层理解。深度学习的核心在于学生能够在学习过程中认真思考，真正掌握知识的本质，并能够灵活运用到实际生活中。将数学知识运用于具体情境中，能够有效帮助学生理解其实际意义和应用价值。通过将抽象的数学概念与具体的实际问题相结合，学生可以更直观地理解数学知识。例如，在学习概率与统计时，教师可以通过实际案例，如调查问卷数据的分析，让学生体验到概率与统计在现实生活中的应用，这不仅增强了学生对知识的理解，也提高了他们解决实际问题的能力。鼓励学生通过自主探究和合作学习等方式进行深度学习，有助于培养他们的独立思考和创新能力。自主探究学习强调学生在学习过程中主动发现问题、提出问题，并通过独立思考和探索寻找解决方案。通过这种方式，学生能够更深入地理解所学知识，并在实践中不断提高自己的分析和解决问题的能力。同时，合作学习可以通过小组讨论、共同探究等形式，让学生在交流和合作中相互学习、取长补短，进一步加深对知识的理解。例如，在学习几何问题时，学生可以通过小组合作，共同探讨各种解题思路和方法，在交流中碰撞出新的思维火花，培养团队合作精神和创新能力。

跨学科的知识整合可以帮助学生从多角度理解和运用数学知识，培养综合运用知识解决复杂问题的能力。例如，在学习物理中的运动和力时，学生需要运用数学中的函数和微积分知识，来分析和解决物理问题。这种跨学科的学习方式不仅帮助学生更好地掌握数学知识，也提高了他们综合运用知识的能力，增强了他们的跨学科思维能力。此外，深度学习理念还强调学习过程的实践性和应用性。在教学中，教师可以设计各种实践活动，让学生在动手操作中加深对知识的理解。例如，通过数学建模活动，学生可以将数学知识应用于实际问题的建模和分析过程中，进一步理解数学知识的应用价值。通过这种实践活动，学生不仅能够掌握数学知识，还能提高解决实际问题的能力，培养他们的创新精神和实践能力。

深度学习的实现还需要教师在教学方法和策略上的不断创新。例如，通过情境教学、问题导向教学等方式，让学生在真实情境中学习数学知识，提高他们的学习兴趣和动力。同时，教师还应注重教学过程中的反馈和评价，通过及时反馈和评价，帮助学生了解自己的学习进展，调整学习策略，不断提高学习效果。学校应当为学生提供良好的学习环境和资源，支持教师的教学创新和专业发展。例如，学校可以通过建立数学实验室、开设数学兴趣小组等方式，提供更多的实践和探究机会，支持学生进行深度学习。同时，学校还应加强教师的培训和交流，帮助教师掌握最新的教学理念和方法，提高他们的教学能力和水平。

三、生本教育理念

生本教育理念的核心在于以学生为本，强调尊重学生的个性和需求，关注学生的全面发展。这一理念要求教育者根据学生的兴趣、能力和学习风格，力求满足每个学生的个性化需求。具体来说，教师应当灵活运用各种教学方式，例如分组教学、个别辅导、探究式学习等，以适应不同学生的学习特点和需求。这样不仅可以提升学生的学习效果，还能激发他们的学习兴趣，使他们在学习中感受到成就感和满足感。生本教育理念强调师生之间、学生之间的互动交流，这是创造良好学习氛围的关键。教师应当积极与学生沟通，了解他们的学习状态和需求，并根据反馈及时调整教学策略。同时，鼓励学生之间进行合作与交流，通过小组讨论、项目合作等方式，增强学生之间的相互理解和支持。在这种互动交流的环境中，学生不仅能够更好地理解和掌握知识，还能培养团队合作精神和沟通能力。在课堂上，教师可以设计一些小组活动，让学生在合作中共同解决问题，通过相互讨论和分享，加深对知识的理解和记忆。

自主学习不仅能够提高学生的学习效果，还能培养他们的自我管理和自律能力，为他们的终身学习奠定基础。教师应当鼓励学生主动参与学习过程，给予他们充分的学习自主权。例如，教师可以通过项目学习、探究式学习等方式，鼓励学生自主选择学习内容和方法，制定自己的学习计划，并在学习过程中不断调整和改进。通过这种自主学习的方式，学生能够更好地理解和掌握知识，提高学习的主动性和自觉性。此外，生本教育理念强调激发学生的学习兴趣和动力，这对学生的学习效果和持续发展具有重要意义。教师应当通过各种方式激发学生的学习兴趣，使他们在学习中感受到乐趣和成就感。例如，教师可以通过设计有趣的教学活动、运用多媒体技术、引入实际生活中的问题等方式，使教学内容更加生动、有趣，吸引学生的注意力。同时，教师还应注重激励学生，通过表扬、奖励等方式，增强学生的学习动力，使他们在学习中保持积极的态度和高昂的热情。

生本教育理念还强调尊重学生的个性和需求，这是实现教育公平的重要保障。每个学生都有独特的个性、兴趣和能力，教师应当尊重这种多样性，因材施教。例如，对于学习能力较强的学生，教师可以提供更具挑战性的学习任务，激发他们的潜力。对于学习有困难的学生，教师应当给予更多的关注和帮助，提供个别辅导和支持，帮助他们克服学习障碍，逐步提高学习能力。通过这种因材施教的方式，教师能够更好地满足每个学生的个性化需求，实现教育公平和学生的全面发展。生本教育理念的实施需要教育者不断提高自身的专业素养和教学能力。教师应当不断学习和更新教育理论和教学方法，积极参与教育培训和学术交流，提高自身的教育教学水平。同时，学校应当为教师提供良好的工作环境和发展机会，支持和鼓励教师进行教育教学改革和创新。例如，学校可以通过建立教师学习共同体，组织教师进行教学研讨和交流，分享教学经验和成果，提高整体教学水平和教育质量。

四、生活化理念

生活化理念主张将数学知识与学生的现实生活紧密结合，使数学学习变得更具实用性和趣味性。数学作为一门工具性学科，其知识和方法在现实生活中有着广泛的应用，通过将数学学习与生活相结合，能够让学生更加直观地理解数学知识的价值和意义。通过引入生活中的实际问题和情境，可以有效地激发学生的学习兴趣。教师可以从学生日常生活中常见的问题出发，将抽象的数学概念与具体的实际情境相结合。例如，在讲解比例时，可以结合购物中的折扣计算，或者烹饪中的食材比例等具体情境，让学生在解决这些实际问题的过程中，理解和掌握数学知识。通过这些实践活动，学生不仅能够在动手操作中加深对数学知识的理解，还能体验到数学学习的乐趣。教师可以组织各种形式的实践活动，如社区调查、市场研究、家庭作业等，让学生在实践中应用所学的数学知识。例如，在进行统计知识的教学时，可以让学生通过问卷调查收集数据，然后进行数据分析和结果展示，这不仅提高了学生的实践能力，还增强了他们对数学知识的理解和应用能力。

生活化理念还强调引导学生将所学的数学知识应用于解决生活中的实际问题，增强学习的实用性和趣味性。教师应当注重培养学生的实际应用能力，引导他们在日常生活中运用数学知识解决各种实际问题。例如，在学习几何知识时，可以让学生测量和计算家中房间的面积，或者设计一个简单的家居摆设方案，这不仅让学生体验到了数学的实用性，也提高了他们的解决问题能力。生活化理念的另一个重要方面是通过真实情景中的解决问题活动，让学生感受到数学的实际应用价值。在课堂教学中，教师可以设置一些与生活实际密切相关的问题情境，引导学生运用所学的数学知识进行思考和解决。例如，在讲解速度和距离的关系时，可以让学生计算家庭出行的路线和时间，或者分析不同交通工具的速度和费用，通过这些实际问题的解决，学生能够更好地理解和掌握数学知识，同时也增强了他们的实际应用能力。

通过生活化的数学教学，学生不仅能够在实践中体验和理解数学知识，还能培养他们的创新精神和实践能力。这样，学生能够在自主学习的过程中，逐渐培养起对数学学习的兴趣和热情，提升他们的学习效果和综合素养。为了实现生活化理念，教师应当不断创新教学方法和策略，使数学教学更具实用性和趣味性。教师可以通过引入多媒体技术、设计有趣的教学活动等方式，增强课堂教学的生动性和互动性。通过运用多媒体技术，教师可以将抽象的数学概念形象化，使学生更容易理解和掌握。同时，教师还可以设计一些有趣的数学游戏和活动，如数学谜题、数学竞赛等，激发学生的学习兴趣和动力。

五、创新教育理念

创新教育理念的核心在于培养学生的创新意识和能力，使他们能够在不断变化的社会中灵活应对。现代社会对人才的需求越来越多样化，单纯的知识掌握已经不足以应对复杂的现实问题，培养学生的创新能力成为教育的一个重要目标。通过设计具有开放性的问题，教师可以鼓励学生提出多种解决方案，培养他们的创新思维。开放性问题没有固定的答案，这样的设计能够激发学生的思考，促使他们从不同角度去探索和解决问题。例如，在数学教学中，教师可以设计一些复杂的实际问题，如城市交通规划、环保问题等，提出多种可能的解决方案，从而培养他们的创新思维和解决问题的能力。教师可以通过组织各种形式的创造性活动，如数学建模、科学实验、创新设计等，让学生在实际操作中体验和发展自己的创新能力。数学建模是一种非常有效的创新教育方式，通过将现实问题转化为数学模型，学生能够运用数学知识和方法进行分析和解决问题，这不仅提高了他们的数学应用能力，也培养了他们的创新精神。例如，在科学实验中，教师可以设计一些开放性的实验项目，让学生通过实验探究和创新设计，发现和解决实际问题，增强他们的创新能力。

传统的评价方式往往侧重于对知识掌握情况的评价，而忽视了对学生创新能力的评价。在创新教育中，教师应当采用多元化的评价方式，关注学生的创新表现，激励他们不断追求创新。教师可以通过学生的项目作品、创新设计、实验报告等多种形式，对学生的创新能力进行评价。同时，教师还应注重过程性评价，通过观察和记录学生在创新活动中的表现，给予及时反馈和指导，帮助学生不断改进和提高自己的创新能力。创新能力的培养离不开独立思考和自主学习，教师激发学生的自主学习兴趣，培养他们的独立思考能力。例如，教师可以通过探究式学习、项目学习等方式。学生能够在实践中不断提高自己的创新能力，逐渐形成独立思考和解决问题的习惯。

教师应当鼓励学生大胆提出自己的想法和见解，尊重和包容不同的观点和意见，创造一个自由开放的学习环境。例如，在课堂讨论中，教师可以通过设置一些具有挑战性和争议性的问题，鼓励学生积极参与讨论，发表自己的观点，并通过相互交流和沟通，激发他们的创新思维和灵感。通过将学习内容与现实生活中的实际问题相结合，学生能够更直观地理解和掌握知识，并在解决实际问题的过程中，培养和展显自己的创新能力。例如，在学习数学知识时，教师可以引导学生运用所学知识解决生活中的实际问题，如设计一个家庭预算、规划一次旅行路线等，这不仅增强了学生的学习兴趣，也提高了他们的创新能力和实践能力。

六、分层理念

分层理念的核心在于根据学生的不同水平和需求，实施分层教学，帮助每个学生在原有基础上获得最大的进步和发展。教育过程中，学生的学习能力和知识掌握程度存在显著差异，分层教学通过针对性地调整教学内容和方法，可以更好地满足每个学生的个性化需求。根据学生的学习水平和需求，设定不同的学习目标是实现分层教学的关键。教师应当通过科学评估，了解学生的实际水平和需求，并据此制定个性化的学习目标。通过设定不同的目标，可以确保每个学生在学习过程中都有所收获，不论是基础较弱的学生还是成绩优秀的学生，都能够在适合自己的目标下不断进步。设计不同难度和层次的学习任务，是满足不同层次学生学习需求的重要手段。教师在教学中应根据学生的不同水平，设计多样化的学习任务，让每个学生都能够在自己的能力范围内有挑战和提高。例如，对于基础较弱的学生，可以设计一些基础性任务，帮助他们夯实基础知识。而对于成绩优秀的学生，则可以提供一些具有挑战性的任务，促进他们的深入学习和思考。通过这种分层任务的设计，学生能够在各自的层次上不断提升自己的学习能力和水平。

传统的单一评价方式往往难以全面反映学生的实际情况，在分层教学中，教师应采用多样化的评价方式，根据学生的实际情况进行分层评价。例如，可以通过平时作业、课堂表现、阶段性测试等多种方式，全面了解学生的学习进展和存在的问题。通过这种多元化的评价，教师可以更准确地掌握每个学生的学习情况，及时给予反馈和指导，帮助学生明确自己的优点和不足，进而调整学习策略，提高学习效果。此外，分层理念强调教师在教学过程中应注重个别辅导和差异化教学。教师应根据学生的不同需求，提供个性化的辅导和支持，帮助学生克服学习中的困难。教师可以通过个别辅导，帮助他们理解和掌握基础知识；对于成绩优秀的学生，教师可以提供更高难度的学习资源和任务，激发他们的学习兴趣和潜力。通过这种差异化教学，教师可以更好地满足每个学生的个性化需求，促进他们在各自的层次上不断进步。

教师应鼓励学生根据自己的实际情况，自主制定学习计划和目标。教师可以通过指导学生进行自我评估和反思，帮助他们发现自己的优势和不足，并据此制定相应的学习计划。学生能够更主动地参与到学习过程中，提高学习的自主性和自觉性，进而实现更好的学习效果。分层理念的实施需要学校和教师提供充分的支持和保障。学校应为教师提供必要的培训和资源，帮助他们掌握分层教学的方法和策略。通过组织教师培训、教学研讨会等形式，提升教师的专业素养和教学能力；同时，学校还应提供丰富的教学资源，如多样化的教材、教学辅助工具等，支持教师开展分层教学。只有在这种良好的支持和保障下，分层理念才能在教学实践中得到有效实施。

第二节　有效数学教学的定义与特征

一、有效数学教学的定义

有效数学教学是指通过科学合理的教学方法和策略，充分激发学生的学习兴趣和潜能，使学生在理解和掌握数学知识的同时，培养其逻辑思维能力、问题解决能力和创新能力，从而实现全面发展的教学过程。

二、有效数学教学的特征

(一) 目标明确性

清晰和具体的教学目标不仅有助于教师有针对性地设计教学活动和内容,还能帮助学生明确学习方向,提高学习效率。首先,教师需要在备课时认真思考并设定每节课的教学目标。这些目标应紧扣课程标准和教学大纲,确保学生在学习过程中能够逐步掌握知识点并形成相关技能。例如,在讲授一次函数时,教师应明确目标包括理解一次函数的定义、掌握其图像特征及在实际问题中的应用等。教学目标的设定应具有可测量性和可实现性。这意味着目标不仅要具体,还应能够通过一定的评价手段来检测学生是否达成。例如,在学习完某一章节后,教师可以通过测试、作业和课堂提问等方式,评估学生对所学内容的掌握情况。如果目标过于笼统或难以测量,教师和学生都会在教学和学习过程中感到迷茫和无所适从。

明确的教学目标有助于提高学生的学习动机和自信心。当学生清楚地知道每节课的学习目标时,他们会有更明确的学习方向,从而更加积极主动地参与到学习过程中。比如,教师可以在课前向学生说明本节课的目标,帮助学生提前做好心理准备。在课堂上,教师可以通过提示和引导,帮助学生聚焦于学习目标,从而提高课堂效率。数学知识具有较强的逻辑性和系统性,因此,教师在设定教学目标时应考虑到不同知识点之间的内在联系和前后的逻辑顺序。例如,在学习完一次函数之后,可以自然地过渡到二次函数的教学,从而帮助学生建立起完整的知识体系。这种连贯性和递进性的目标设定,能够帮助学生在学习过程中逐步深入,提高他们的理解和应用能力。教学是一个动态的过程,学生的学习情况和教学环境也在不断变化。因此,教师应根据实际情况,及时对教学目标进行调整和优化。通过教学反馈,教师可以发现教学中的不足和改进之处,从而不断提高教学效果。

（二）教学方法的多样性

采用多种教学方法和策略能够有效地适应不同学生的学习需求和风格，提升教学效果和学生的学习体验。讲授法作为最传统的教学方法之一，具有传授知识系统性强、时间效率高等优点。教师通过精心准备的讲解，能够帮助学生迅速掌握基本概念和原理。然而，单一的讲授法往往难以充分调动学生的积极性，导致部分学生难以跟上教学进度。因此，讲授法需要与其他教学方法相结合，才能更好地满足学生的学习需求。探究法是一种以学生为主体、以问题为导向的教学方法。通过提出开放性问题，引导学生自主探究和发现知识。这种方法能够激发学生的好奇心和探究欲望，培养他们的独立思考和解决问题的能力。例如，在讲授几何证明时，教师可以引导学生通过观察、实验和推理，自己得出结论。这不仅提高了学生的参与度，还增强了他们对知识的理解和记忆。讨论法也是一种有效的教学策略，通过师生之间或学生之间的互动讨论，促进知识的交流和观点的碰撞。在讨论过程中，学生可以通过分享和辩论，进一步加深对问题的理解和认识。同时，教师也可以通过观察学生的讨论情况，及时发现并纠正他们的误解。例如，在学习概率统计时，教师可以组织学生进行小组讨论，让他们通过实际问题的分析和讨论，理解概率的基本概念和应用方法。合作学习强调学生之间的合作与互助，通过小组活动或项目合作，培养学生的团队精神和协作能力。合作学习不仅能够提高学生的学习积极性和参与度，还能够促进他们的社交能力和沟通技巧。例如，在解决复杂的应用题时，教师可以将学生分成小组，让他们通过合作讨论、分工协作，共同完成任务。学生不仅能够学会知识，还能培养合作和交流的能力。

教师应根据不同的教学内容和学生特点，灵活运用多种教学方法。例如，对于抽象概念的讲解，可以采用多媒体教学，通过图片、动画和视频等方式，帮助学生直观理解；对于操作性较强的内容，可以采用实验法或实训法，通过实际操作和体验，加深学生的理解和掌握。不同的方法和策略相互补充，能够形成一个多元化的教学体系，更好地满足学生的多样化学习需求。

（三）课堂互动性

课堂互动性不仅能激发学生的学习兴趣，还能促进他们的思维发展和知识内化。通过鼓励学生积极参与课堂互动，教师可以营造一个开放和积极的学习氛围。这种氛围让学生敢于提问和发表意见，帮助他们克服对数学的畏惧心理，逐渐培养他们的自信心和主动性。例如，在学习新概念时，教师可以鼓励学生提出自己的疑问和想法，借此引导学生深入思考。教师提出有针对性的问题，引导学生从不同角度思考问题，促进他们对知识的理解和掌握。例如，在讲解几何证明时，教师可以通过一系列的引导性问题，帮助学生逐步推理和构建完整的证明过程。这样的互动不仅能激发学生的思维，还能帮助他们发现问题的本质，提高他们的逻辑思维能力和解决问题的技巧。

通过小组讨论或全班讨论，学生可以分享自己的观点和思路，相互启发和借鉴。教师可以适时介入，提供指导和反馈，帮助学生纠正错误或补充不足。例如，在探讨概率问题时，学生可以通过讨论实际生活中的案例，加强对概率概念的理解和应用能力。讨论不仅能促进知识的交流和碰撞，还能培养学生的表达能力和团队合作精神。这样的合作学习不仅能提高学生的参与度，还能增强他们的责任感和团队意识，促进他们在合作中学习和成长。

教师还可以利用现代信息技术手段，如多媒体教学、在线互动平台等，进一步增强课堂互动性。通过视频、动画和互动软件等工具，教师可以呈现生动形象的教学内容，提高他们的参与度。例如，利用在线测评工具，教师可以实时了解学生的学习情况，及时调整教学策略和内容，提高课堂教学的有效性。课堂互动性不仅能增强教学效果，还能让学生在学习过程中体验到更多的乐趣和成就感。

（四）教学内容的层次性

它确保了知识的传授从基础到高级逐步深入，使学生能够在一个合理的学习进程中稳步提升。教学内容的层次性体现为从简单到复杂的渐进安排。基础知识作为学生理解高级内容的基石，必须先行掌握。例如，在讲授代数时，教师应先讲解基本的代数运算和方程解法，再逐步引导学生理解和应用更复杂的代数理论和方法。教学内容的层次性还体现在不同知识点之间的逻辑关联上。数学是一门高度逻辑化的学科，知识点之间有着密切的联系。教师应在设计教学内容时，充分考虑到这些关联，使知识传授具有连续性和系统性。例如，在讲解函数时，先从基本函数的概念和性质入手，然后逐步引导学生学习不同类型的函数，如一次函数、二次函数及其应用。这样的安排不仅帮助学生建立起完整的知识体系，还能使他们在学习过程中形成系统的数学思维。

层次性教学内容的设计应考虑到学生的认知水平和接受能力。不同阶段的学生对知识的理解和接受能力各不相同，教师应根据学生的实际情况，合理安排教学内容的难度和深度。例如，对于初中生，应注重基础概念的讲解和基本技能的训练；而对于高中生，则应更多地涉及抽象概念和复杂问题的分析与解决。在这种循序渐进的教学过程中，学生能够逐步提高自己的理解和应用能力，避免因难度过大而产生的挫败感。此外，层次性教学内容的安排还应体现出灵活性和适应性。教师在设计教学内容时，应考虑到学生个体差异，提供适当的辅助材料和拓展内容。这种因材施教的方式，不仅有助于提高全体学生的学习效果，还能激发学生的学习兴趣和积极性。

教师应通过阶段性测试和日常作业，了解学生对不同层次知识的掌握情况。例如，通过单元测试，可以评估学生对某一知识模块的理解情况；通过日常作业，可以检查学生在应用基础知识解决实际问题时的表现。这样的评估和反馈机制，能够帮助教师发现教学中的不足和学生的学习困惑，及时进行调整和改进。

（五）教学资源的有效性

教科书作为传统的教学资源，具有系统性和权威性。教师应充分利用教科书中的内容，结合教学目标和学生的实际情况，灵活运用教科书中的例题、习题和知识点解释。教科书不仅为教学提供了基本框架，还可以作为学生课后复习和自学的重要参考。网络资源的广泛应用为现代数学教学注入了新的活力。教师可以通过互联网获取丰富的教学资源，如教学视频、电子教材、在线题库等。这些资源不仅可以帮助教师拓宽教学内容的广度和深度，还可以为学生提供多样化的学习材料，满足不同学生的学习需求。例如，通过观看教学视频，学生可以在课后反复学习教师讲解的难点和重点，从而加深对知识的理解。

虽然数学是一门以理论为主的学科，但通过实验和实物操作，学生可以更直观地理解抽象的数学概念和原理。例如，在讲解几何学时，教师可以使用几何模型或计算机模拟软件，帮助学生直观地观察几何图形的性质和变化过程。这样的实验和实物操作，不仅可以激发学生的学习兴趣，还可以增强他们的动手能力和实践能力。教师应善于整合多种教学资源，形成一个多元化的教学体系。例如，在讲解概率统计时，可以结合教科书中的理论知识、网络上的实际案例和实验器材进行综合教学。通过这种多元化的资源整合，学生不仅可以从不同角度理解和掌握知识，还可以培养他们的综合思维能力和创新能力。

教学资源的选择和应用，应以学生的理解和掌握为中心。教师在选择教学资源时，应充分考虑学生的认知水平和学习需求。此外，教师应及时收集学生的反馈意见，了解他们对不同教学资源的接受情况和使用效果，及时调整和优化教学资源的选择和应用。教学资源的有效性还体现在教师的创新和探索精神上。教师应不断探索新的教学资源和教学方法，积极参与教研活动和培训，提高自己的教学水平。通过参加教学研讨会和学术交流，教师可以了解和借鉴他人的优秀教学经验和资源应用方法，不断提升自己的教学能力和资源利用水平。

（六）评价机制的科学性

传统的测试和考试是评估学生知识掌握情况的重要方式。通过定期的测试，教师可以了解学生对所学内容的理解和掌握程度，及时发现知识盲点和薄弱环节，进而调整教学策略和内容。例如，教师可以评估学生在某一阶段的学习效果，了解他们对核心概念和技能的掌握情况。评价机制不仅要关注学习结果，还应重视学习过程中的表现和进步。学习是一个持续的过程，学生在这个过程中所表现出的努力和进步同样值得关注和评价。通过日常作业和课堂表现，教师可以观察学生在学习过程中所付出的努力和参与度。这种过程性的评价不仅可以激励学生持续努力，还能帮助教师更全面地了解学生的学习情况，给予他们更多的关注和指导。

除了传统的测试和考试，教师还可以通过多种形式的评价手段，全面了解学生的学习情况。例如，通过课堂提问和讨论，教师可以评估学生的即时反应和理解能力；通过小组合作和项目作业，教师可以评估学生的合作能力和创新能力；通过学习日志和自我反思，教师可以了解学生的学习态度和自我管理能力。这些多元化的评价手段，能够全面、客观地反映学生的学习表现和综合素质。科学合理评价不仅是对学生学习效果的衡量，也是对他们学习态度和努力的肯定。通过对学生进步的表扬和奖励，可以激发他们的学习兴趣和自信心，促使他们在今后的学习中更加积极主动。同时，评价结果还应具有导向功能，帮助学生明确学习目标和努力方向。通过评价结果的反馈，学生可以了解自己的优点和不足，制定更加明确的学习计划和改进措施。

教师应制定明确的评价标准和评分细则，并在评价过程中严格遵守这些标准，确保评价的公平公正。同时，教师应及时向学生反馈评价结果，并与他们进行沟通和交流，帮助他们理解评价标准和结果，促进他们在评价中学习和进步。通过与学生的面谈，教师可以了解他们对评价结果的看法和建议，进一步改进和优化评价机制。

第三节 有效数学教学中的学习理论

一、建构主义学习理论

建构主义学习理论认为，学生通过主动探索和与周围环境的互动构建自己的知识体系。这一理论强调教师应鼓励学生自主发现和解决问题，以便更深入地理解和应用数学概念。通过设置开放性问题和实际应用情境，学生可以在解决问题的过程中，将抽象的数学概念具体化。这样的学习方式不仅能够帮助学生掌握知识，还能培养他们的批判性思维和解决问题的能力。学生在合作学习中，可以通过与同伴的交流和讨论，共同探索和解决问题。这种互动不仅能增强学生的理解和记忆，还能提高他们的沟通和合作能力。在解决复杂的数学问题时，学生可以分成小组，讨论不同的解决方案，通过相互学习和借鉴，找到最优的解决方法。这样的合作学习，不仅能激发学生的学习兴趣，还能提高他们的学习效果。

教师应鼓励学生通过实验和实际操作，探索数学概念和原理。通过几何图形的构建和变换实验，学生可以直观地理解几何定理和性质。这样的探究性学习，不仅能帮助学生更好地理解抽象的数学概念，还能培养他们的动手能力和创新思维。教师应将数学知识与学生的生活经验和实际问题结合起来，使学生在真实情境中应用和理解数学。例如，通过设计生活中的数学问题，如购物计算和工程设计，学生可以在解决实际问题的过程中，应用所学的数学知识。这种情境化的学习方式，不仅能增强学生的学习动机，还能提高他们的实际应用能力。

学习是一个主动构建的过程，学生在学习过程中应积极参与，主动思考和探索。教师应引导学生进行自主学习，通过自主探究和实验，学生可以发现和解决问题，构建自己的知识体系。例如，在学习函数时，教师可以鼓励学生通过观察和实验，自主发现函数的变化规律和性质。这样的自主学习，不仅能提高学生的学习积极性，还能培养他们的独立思考能力和创新能力。教师在教学过程中应关注每个学生的独特性，提供个性化的学习支持。对于不同学习能力和兴趣的学生，教师可以设计不同层次和类型的学习任务，满足他们的学习需求。通过这种个性化的教学，学生可以根据自己的节奏和方式，进行有效学习和探索。

二、情境认知理论

情境认知理论强调，学习过程总是发生在特定的情境中，知识的获得和应用是紧密相连的。教师应当创设真实的情境，将数学知识与学生的生活经验和实际问题联系起来。教师可以通过设计与学生日常生活相关的数学问题，让学生在解决实际问题的过程中理解和应用数学知识。比如，在讲解百分数的应用时，可以设置购物打折的情境，让学生计算商品的折后价格。这种方式不仅使学生感受到数学的实际价值，还能提高他们的学习兴趣。通过数学建模，学生可以将复杂的实际问题转化为数学问题，在解决这些问题的过程中，深入理解数学概念和方法。例如，在交通流量分析的情境中，学生可以运用统计和概率知识，建立交通流量模型，从而找到优化交通的方案。这样的学习过程不仅能增强学生的动手能力和实践能力，还能提高他们的数学应用能力。

教师应注重将抽象的数学知识与具体的情境相结合，帮助学生在真实情境中理解和应用数学。例如，在讲授几何时，可以利用建筑设计的情境，让学生通过设计和测量，理解几何形状和空间关系。这种方式不仅能使学生更直观地理解几何知识，还能培养他们的空间思维能力和实际操作能力。通过多样化的情境设置，学生可以在不同的实际问题中，灵活运用数学知识，解决问题。例如，在学习了基本的概率知识后，教师可以设置不同的情境，如彩票中奖概率、天气预报的准确率等，让学生通过计算和分析，理解概率在实际生活中的应用。

这种方式不仅能提高学生的数学素养，还能增强他们的逻辑思维能力和分析能力。

教师应鼓励学生在真实情境中，通过合作和讨论，共同解决问题。在一个模拟市场的情境中，学生可以分组合作，通过市场调查和数据分析，制定商品定价策略。这种合作学习不仅能提高学生的团队合作能力，还能增强他们的沟通能力和领导力。情境认知理论认为，学习者在真实情景中的体验和反思是知识内化的重要环节。教师应引导学生在学习过程中进行反思，通过自我评价和同伴反馈，进一步深化对知识的理解和应用。例如，在完成一个数学建模项目后，学生可以通过展示和讨论，反思自己的学习过程和成果，从而不断改进和提升。

三、多元智能理论

多元智能理论提出，每个学生都拥有多种不同类型的智能，如语言智能、逻辑数学智能、空间智能等。教师应充分考虑学生的智能多样性，以满足不同学生的学习需求。对于具有较强逻辑数学智能的学生，教师可以设计更多的逻辑推理和抽象思维训练。这类学生在处理抽象概念和逻辑问题时表现出色，因此可以通过挑战性的数学题、推理游戏和数学竞赛等活动，进一步提升他们的逻辑思维和分析能力。针对空间智能强的学生，教师可以利用图形和几何模型帮助他们理解数学概念。这类学生在处理视觉和空间关系时具有优势，因此可以通过几何图形的绘制、模型的构建和三维图形的观察等方式，使他们更直观地理解和掌握数学知识。在讲解几何定理时，可以使用实际的几何模型或计算机模拟软件，帮助学生观察和理解几何图形的性质和变化过程。

对于语言智能强的学生，教师可以通过语言表达和讨论来促进他们对数学概念的理解和应用。这类学生在语言表达和交流方面表现优异，因此可以通过数学问题的口头表达、小组讨论和数学论文写作等活动，帮助他们更好地理解和应用数学知识。在学习概率和统计时，学生可以通过撰写数据报告和进行数据分析的口头陈述，进一步加深对概念的理解。具有较强人际智能的学生擅长与他人合作和沟通，因此教师可以通过合作学习和小组活动，促进他们的数学学习。这类学生可以在合作解决问题、团队项目和数学讨论中发挥重要作用，通过与同伴的交流和合作，共同探讨和解决数学问题。

教师可以鼓励这类学生通过自我评估和反思，提高他们的数学学习效果。这类学生可以通过数学日记、自我测评和学习计划等方式，深入反思自己的学习过程和方法，不断改进和提升。例如，在学习一个数学单元后，学生可以通过自我评估和反思，找出自己的优点和不足，制定改进措施和学习计划。多元智能理论还重视自然观察智能和身体运动智能在数学学习中的应用。具有自然观察智能的学生可以通过观察和分析自然现象，理解数学概念。通过观察植物生长的几何形态，学生可以理解几何和对称性等数学概念。而身体运动智能强的学生可以通过身体活动和实践操作，理解和应用数学知识。例如，通过数学实验和实际操作，学生可以更直观地理解数学原理和概念。

四、社会建构主义理论

社会建构主义理论指出，知识的获取是通过社会互动和合作学习来实现的。教师应当鼓励学生参与小组讨论和合作学习，共同解决问题并构建知识。教师可以设计丰富的小组活动，促进学生之间的互动和合作。通过分组讨论、合作解题等活动，学生可以分享彼此的观点和思路，互相启发，从而在解决问题的过程中加深对数学概念的理解。通过小组合作，学生可以在面对困难时得到同伴的帮助和鼓励，增强学习的信心和动力。通过讨论和分工，共同制定解决方案。这不仅有助于他们理解和应用数学知识，还能培养他们的团队合作和沟通能力。

社会建构主义强调学习是一个共同构建知识的过程。在小组合作中，每个学生都可以发挥自己的特长，贡献自己的智慧，共同完成学习任务。例如，在研究统计数据时，一部分学生可以负责数据的收集和整理，另一部分学生则负责数据的分析和解释，通过分工合作，学生可以在共同的学习过程中构建知识体系。此外，通过合作学习，学生可以在互动中学会倾听和尊重他人的观点，培养良好的沟通技巧和团队合作精神。在合作解决问题的过程中，学生需要互相倾听、讨论和协调，这不仅能提高他们的数学能力，还能增强他们的社会交往能力。例如，在小组讨论中，学生需要通过有效沟通表达自己的观点，并通过协商达成一致，这种互动能够帮助他们更好地理解和应用数学知识。

教师应在学生合作学习的过程中提供必要的指导和支持，帮助他们克服学习中的困难。当学生在合作解决问题时遇到困难，教师可以提供一些提示或建议，帮助他们找到解决问题的思路和方法。通过这种引导，教师不仅能帮助学生更好地掌握数学知识，还能培养他们的自主学习能力和问题解决能力。社会建构主义理论还认为，学生可以在互动中建立深厚学习兴趣和积极的学习态度。在与同伴的合作过程中，学生可以体验到共同学习的乐趣和成就感，从而增强他们的学习动机。例如，通过合作完成一个具有挑战性的数学项目，学生可以在共同努力中体会到成功的喜悦和满足，从而激发他们对数学学习的兴趣和热情。

五、元认知理论

元认知理论强调学习者对自身认知过程的监控和调节。教师应注重培养学生的元认知能力，使他们能够自我反思和调节学习过程。教师可以通过指导学生进行自我评价，帮助他们了解自己在学习中的优势和不足。通过系统自我评价，学生能够意识到自己的学习策略和方法是否有效，从而找到改进的方法。教师可以鼓励学生在学习过程中进行反思，评估自己的学习进展和效果。通过定期的反思活动，学生可以回顾自己的学习过程，发现问题和不足，及时进行调整。例如，在完成一次数学考试后，教师可以引导学生反思他们在解题过程中遇到的困难，以及如何改进这些问题。这种反思不仅能提高学生的自我监控能力，还能增强他们的学习自信心和自主性。

教师应指导学生在学习过程中不断调整和优化自己的学习策略，以达到最佳学习效果。在学习新的数学概念时，学生可以通过多种方法进行理解和记忆，如图表、摘要和例题练习。通过不断尝试和调整，学生可以找到最适合自己的学习方法。此外，教师可以通过示范和指导，帮助学生掌握元认知技能。例如，教师可以在课堂上演示如何进行有效自我监控和反思，并提供具体的工具和方法，如学习日志和反思笔记。学生可以学会在学习过程中主动监控和调节自己的认知活动，从而提高学习效果。

教师应鼓励学生在学习中积极参与，自主规划和管理自己的学习任务。例如，学生可以通过制定学习计划和设定学习目标，来管理自己的学习时间和进度。通过这种主动的学习方式，学生可以更加有效地掌控自己的学习进程。元认知理论还认为，学生在学习过程中应不断进行自我反馈和调整。教师可以通过多种形式的反馈，如测验、作业和课堂讨论，帮助学生了解自己的学习进展和效果。例如，通过定期的小测验，学生可以及时发现自己的学习薄弱点，并进行针对性复习和改进。这种及时的反馈和调整，不仅能提高学生的学习效果，还能增强他们的学习动机和信心。

六、动机理论

动机理论探讨了学习者的学习动机和兴趣对学习效果的影响。激发学生的学习动机和兴趣是提高教学效果的关键因素。教师应通过设置有趣且具有挑战性的学习任务，吸引学生的注意力和兴趣。例如，通过设计数学游戏和竞赛，教师可以激发学生的学习兴趣和竞争意识，从而提高他们的学习积极性。教师可以根据学生的能力和水平，设计不同难度的学习任务，使学生在完成这些任务时感到有成就感。例如，在讲解复杂的数学问题时，可以逐步增加难度，让学生在不断克服困难的过程中获得成就感和自信心。这种适度的挑战不仅能激发学生的学习动机，还能帮助他们提高解决问题的能力。

教师应注重创设丰富多样的学习情境，以激发学生的学习兴趣。通过将数学知识与实际生活和兴趣爱好相结合，教师可以使学生感受到数学的实际价值和应用。例如，通过将数学问题与日常生活中的实际情境相结合，如购物计算、体育统计等，学生可以增强对数学的兴趣和理解。这种情境化的教学方式，不仅能提高学生的学习动机，还能增强他们的实际应用能力。教师可以通过鼓励和表扬，增强学生的学习动机和自信心。在课堂上，及时肯定学生的努力和进步，可以激发他们的学习热情。例如，通过奖励制度和表扬机制，教师可以鼓励学生在学习中不断努力和进步。

通过小组合作和团队竞赛，学生可以在互相帮助和支持中，体验到共同学习的乐趣和成就感。通过小组合作解决数学难题，学生可以在互相讨论和交流中，激发学习兴趣和动机。教师应鼓励学生自主制定学习目标和计划，增强他们的自主学习能力。通过引导学生制订学习计划和设定学习目标，学生可以根据自己的兴趣和需求，规划学习过程和时间安排。

七、社会文化理论

社会文化理论指出，学习是社会文化活动的一部分，知识的获取与社会文化背景紧密相连。教师应重视学生的社会文化背景和生活经验，将数学知识与学生的实际生活和文化环境相结合。教师可以通过探讨数学在不同文化中的应用和发展，帮助学生理解数学的多样性和普遍性。比如，介绍古代中国、印度、阿拉伯以及希腊等不同文化中的数学成就，可以让学生认识到数学不仅是现代科学的重要基础，也是人类文明的重要组成部分。教师应利用学生的生活经验和实际情况，将数学知识融入实际生活中。这种教学方法不仅能提高学生的学习兴趣，还能增强他们的数学应用能力，使数学学习变得更加生动和有意义。

教师可以通过小组讨论和合作学习，让学生在互动中分享各自的文化背景和生活经验。例如，在探讨几何图形时，学生可以通过分享本国文化中的建筑、艺术等方面的例子，丰富对几何概念的理解。通过这种互动和交流，学生不仅能加深对数学知识的理解，还能增强对国家文化的认同感和自信心。教师应关注学生的语言和文化差异，采用多样化的教学方法和材料，以适应不同学生的学习需求。对于语言背景不同的学生，教师可以通过多媒体资源、视觉图像和动手操作等多种方式，帮助他们理解和掌握数学概念。

教师可以通过引入实际案例和项目式学习，让学生在真实的社会文化情境中应用数学知识。通过社区调查、环境保护项目和社会经济分析等活动，学生可以将数学知识应用于实际问题的解决。这种项目式学习，不仅能增强学生的数学应用能力，还能培养他们的社会责任感和团队合作精神。社会文化理论还强调教师在教学中的引导作用。教师应在教学过程中，引导学生认识到数学在不同文化中的独特价值和广泛应用，增强他们的全球视野和文化包容性。通过讨论数学在不同文化中的发展历程和重要贡献，教师可以帮助学生理解数学的普遍性和跨文化性，培养他们的全球视野和文化包容性。

八、实践理论

实践理论主张，学习是通过实际操作和实践活动获得的。教师应特别重视培养学生的实践能力，利用各种实验、模拟和实践活动，使学生在动手操作中更好地理解和掌握数学知识。通过数学实验，学生可以将抽象的数学概念具体化。比如，在学习几何时，教师可以指导学生使用几何工具进行实际测量和构建模型，这不仅能帮助学生直观地理解几何原理，还能增强他们的空间思维能力和动手操作能力。通过数学模拟，学生可以在虚拟环境中进行实验和操作，从而理解复杂的数学概念和过程。教师可以利用计算机模拟软件，让学生进行虚拟实验，观察和分析数据的变化和规律。这种模拟活动不仅提高了学生的学习兴趣，还能使他们更深入地理解概率和统计的实际应用。

教师应组织学生进行实地调查和项目式学习，让他们在真实情境中应用数学知识。例如，通过组织学生进行社区调查、环境评估等活动，学生可以将数学知识应用于数据收集、分析和报告撰写等实际任务中。这种实地调查活动，不仅能培养学生的实践能力，还能增强他们解决实际问题的能力和社会责任感。

通过参与实际操作和实践活动，学生可以亲身体验到数学知识在解决实际问题中的重要作用。在解决实际问题的过程中，学生可以通过观察和实验，发现数学知识的实际应用价值，从而激发他们的学习兴趣和主动性。

通过反思，学生可以认识到自己的优点和不足，及时调整和改进自己的学习方法和策略。在完成一个数学实验后，教师可以引导学生总结实验过程中的经验和教训，反思自己的操作和思考过程，从而不断提高他们的实践能力和学习效果。教师应在实践活动中提供必要的指导和帮助，确保学生能够顺利完成实践任务。在组织实地调查时，教师可以提供详细的任务说明和指导，帮助学生制定调查计划和步骤，确保他们在实际操作中能够有条不紊地进行。这种引导和支持，不仅能提高学生的实践能力，还能增强他们的自信心和责任感。

第四节　有效数学教学的目标与意义

一、有效数学教学的目标

（一）提高数学理解力

有效数学教学的首要目标是提高学生对数学概念和原理的理解力。教师应通过清晰的讲解、丰富的实例和互动的教学方式，帮助学生深入理解抽象的数学知识，确保他们能够灵活运用所学的数学知识解决问题。

（二）发展问题解决能力

培养学生的数学问题解决能力是有效数学教学的重要目标。教师应设计各种类型的问题，让学生在实际问题中应用数学知识，发展他们的分析能力、推理能力和创造性思维。

(三) 增强计算技能

增强学生的基本计算技能也是有效数学教学的关键目标。通过系统的训练和实践，帮助学生掌握精确快速的计算技巧，确保他们能够在复杂问题中快速地进行数学运算。

(四) 培养逻辑思维

有效的数学教学应注重培养学生的逻辑思维能力。通过各种数学推理、证明和逻辑练习，教师可以帮助学生建立严密的逻辑思维体系，提高他们在解决问题时的条理性和准确性。

(五) 激发学习兴趣

激发学生对数学学习的兴趣是有效教学的核心目标。教师应通过生动有趣的教学方法、实际应用和有挑战性的任务，激励学生对数学的好奇心和探索欲，使他们乐于参与到数学学习中。

(六) 提升自我效能感

提升学生的自我效能感，使他们相信自己能够成功地学习和应用数学知识，是有效数学教学的重要目标。教师应通过积极的反馈和适当的挑战，帮助学生建立自信，培养他们的成就感和自主学习能力。

(七) 促进合作学习

有效数学教学还应注重促进学生之间的合作学习。通过小组活动和合作项目，可以培养学生的团队精神和合作能力，让他们在互动中共同进步，增强对数学知识的理解和应用能力。

（八）培养批判性思维

培养学生的批判性思维能力，使他们能够质疑、分析和评价数学问题，是有效数学教学的目标。教师应通过开放性问题和探究性学习，鼓励学生独立思考，发展他们的批判性思维。

（九）实现个性化学习

教师应根据学生的兴趣、能力和学习风格，提供多样化的教学资源和支持，帮助每个学生在自己的学习轨道上取得进步。

（十）促进长期发展

有效的数学教学不仅关注当前的学习效果，还应促进学生的长期发展。教师应帮助学生建立稳固的数学基础和学习习惯，使他们在未来的学习和生活中能够持续受益，具备应对各种挑战的能力。

二、有效数学教学的意义

（一）促进全面发展

有效的数学教学不仅帮助学生掌握数学知识和技能，还促进他们的全面发展。数学教学可以培养学生的逻辑思维、分析能力、解决问题的能力和创造性思维，这些能力在其他学科和生活中也同样重要。

（二）提高学业成绩

有效的数学教学有助于提高学生的学业成绩。通过科学的教学方法和合理的课程设计，学生可以更好地理解和掌握数学知识，从而在考试和评估中取得更好的成绩。

(三) 增强学习兴趣

通过有效的教学方法，教师可以激发学生对数学的兴趣和热情。兴趣是最好的老师，有了兴趣，学生会更主动地学习和探索数学，提高学习的积极性和主动性。

(四) 培养自信心

有效的数学教学能够提升学生的自信心。通过克服学习中的难题和取得成功，学生会增强对自己能力的信心，愿意接受新的挑战，从而在学习和生活中更加自信。

(五) 促进社会参与

数学能力是现代社会的重要素质。有效的数学教学能够培养学生的数学素养，使他们能够更好地参与社会生活，如理解金融、统计数据、科技创新等，提高他们的社会参与能力和竞争力。

(六) 培养批判性思维

数学教学通过逻辑推理和问题解决培养学生的批判性思维能力。学生在学习数学的过程中，需要质疑、分析和综合信息，这些思维过程有助于他们在其他领域中也能进行深度思考和判断。

(七) 提供终身学习能力

有效的数学教学为学生提供终身学习的基础。数学不仅是一门学科，更是一种思维方式，学生学会如何学习，如何解决问题，从而具备终身学习的能力。

(八) 提高科技素养

在科技迅速发展的今天，数学是理解和应用科技的重要工具。有效的数学教学能够提高学生的科技素养，使他们能够理解和应用现代科技，适应和引领未来的发展。

（九）增强文化认同

数学是人类文化的重要组成部分。通过数学教学，学生可以了解数学在不同文化中的发展和应用，增强对数学的文化认同和自豪感，促进文化的交流和理解。

（十）促进公平教育

有效的数学教学能够促进教育公平，为每个学生提供平等的学习机会和资源。通过差异化教学和个性化辅导，帮助不同背景和能力的学生都能获得成功，缩小教育差距，实现教育公平。

第二章 有效数学课程设计与开发

第一节 有效数学课程标准与框架

一、有效数学课程标准

(一)明确课程目标

1. 知识与技能目标

数学作为一门基础科学,其核心在于培养学生的逻辑思维和解决问题能力。在学习过程中,学生需要了解数学的基本概念,如数与代数、几何与测量、统计与概率等。这些概念不仅是数学学习的基础,也是学生在日常生活中解决实际问题的重要工具。例如,掌握代数知识可以帮助学生理解和解决日常生活中的比例问题,而几何知识则有助于他们理解空间关系和物体的形状。数学原理是对数学现象的抽象概括,是学生深入理解和应用数学知识的关键。理解函数的概念和性质可以帮助学生在面对复杂的数学问题时,从整体上把握问题的结构和特点。通过对数学原理的学习,学生不仅能够提高自己的数学素养,还能在其他学科中灵活应用这些原理,形成跨学科的综合能力。

教师可以通过情境创设、实验探究和实际应用等方式,让学生在解决实际问题的过程中,逐步理解和掌握数学知识和技能。通过实际测量和数据分析活动,学生可以更直观地理解统计与概率的概念,提高他们的实践能力和应用意识。此外，数学知识与技能的掌握还需要系统练习和反复实践。通过课后作业、课堂练习和阶段性测试，学生能够不断巩固所学知识，提高解决问题的熟练度。在此过程中，教师应注重个性化辅导，针对不同学生的学习情况，提供有针对性指导和帮助，确保每个学生都能在自己的基础上取得进步。

2. 过程与方法目标

通过严谨的逻辑推理和论证，学生可以理解数学概念的内在联系，建立起系统的数学知识结构。教师在教学过程中，应注重引导学生进行逻辑推理，帮助他们学会从假设出发，逐步推导出结论。例如，在学习几何定理时，教师可以通过示范推理过程，培养学生的逻辑思维能力，使他们能够自主地进行数学证明。数学不仅仅是一门知识性的学科，更是一种思维训练的工具。通过解决问题，学生可以将所学知识应用于实际情境，培养分析问题和解决问题的能力。教师可以设计一些具有挑战性的问题情境，让学生在解决问题的过程中，体验数学思维的乐趣。通过设置开放性问题和实际应用问题，教师可以激发学生的思考，鼓励他们尝试多种解决方法，从而提高他们的综合思维能力和实践能力。

创新思维不仅仅是对已有知识的理解和应用，更是对新知识的探索和发现。数学学习中，教师应鼓励学生大胆提出假设，进行创造性思考和尝试。在探索新问题时，教师可以引导学生进行头脑风暴，提出各种可能的解决方案，并通过讨论和验证，选出最优方案。在实际教学中，教师还应注重过程与方法目标的有机结合，全面培养学生的逻辑思维、解决问题和创新思维能力。课堂教学可以采用探究式、合作学习、项目学习等多种形式，让学生在自主探究和合作交流中，不断提升自己的思维能力和实践能力。学生可以相互启发，分享不同的思维方式和解决问题的方法，从而达到共同进步的目的。

过程与方法目标的实现还需要学生的积极参与和主动思考。教师应营造开放、宽松的学习氛围，鼓励学生大胆表达自己的想法，提出问题和解决问题。在这个过程中，学生不仅可以锻炼自己的思维能力，还能培养独立思考和自主学习的习惯。通过课堂讨论和交流，学生可以不断反思和调整自己的思维方式，逐步形成独立思考和创新思维的能力。

3. 情感态度与价值观目标

教师在教学中应通过生动有趣的教学方法，结合实际生活中的数学现象，让学生感受到数学的魅力。通过游戏、实验和实际问题的探讨，将枯燥的数学知识变得生动有趣，从而激发学生的学习兴趣。当学生对数学产生浓厚的兴趣时，他们才会主动投入到学习中去。同时，教师也可以利用多媒体技术和现代教学手段，丰富课堂教学内容，增强学生的参与感和互动性，让他们在轻松愉快的氛围中爱上数学。教师应通过鼓励性评价和积极反馈，让学生建立自信心，自信心是学生克服困难、取得进步的动力源泉。在学生完成一道难题时，教师给予及时的表扬和肯定，让学生感受到自己的努力和进步。此外，教师还应关注每个学生的个体差异，针对不同的学生提供适合他们的学习任务，让每个学生都能体验到成功的喜悦，从而增强他们的自信心。学生在面对数学难题时，会更加自信地去思考和解决难题，而不是因为害怕失败而退缩。

坚持不懈的精神是学生在学习和生活中取得成功的重要品质。数学学习过程中，学生不可避免地会遇到各种困难和挑战。教师应通过实际行动和榜样作用，培养学生的坚持不懈精神。当学生在解题过程中遇到困难时，教师可以引导他们分析问题、寻找解决方法，而不是直接告诉他们答案。学生可以逐步养成不畏困难、坚持努力的习惯。此外，教师还可以通过分享一些数学家或科学家的故事，激励学生在面对困难时不轻言放弃，勇于挑战自我，不断追求进步。在情感态度与价值观目标的实现过程中，教师还应注重营造一个积极向上的班级氛围。通过建立良好的师生关系和同学间的互助合作，学生可以在一个和谐、友爱的环境中学习和成长。通过小组合作学习，学生可以互相帮助、共同进步，增强团队精神和集体荣誉感。教师应注重培养学生的合作意识和沟通能力，让他们在合作中学会尊重他人、理解他人，从而形成积极健康的价值观。

(二)科学设计课程内容

1. 基础知识模块

涵盖代数、几何、统计和概率等基础知识的基础知识模块是数学课程的核心组成部分。代数是数学的重要分支,通过研究数的运算和关系,帮助学生理解数的本质和运算规律。在代数学习中,学生需要掌握基本的算术运算、方程和不等式的求解、函数的定义和性质等知识。理解一次函数和二次函数的图像和性质,可以帮助学生在面对实际问题时,建立数学模型并求解。代数知识不仅是学生进一步学习高等数学的基础,也是他们解决现实问题的有力工具。几何作为数学的另一重要分支,主要研究空间和形状的性质及其关系。通过学习几何,学生可以掌握平面几何和立体几何的基本概念和定理,如三角形、圆、棱柱和球体的性质等。学生不仅需要进行图形的识别和分类,还需要掌握证明方法,能够通过逻辑推理和演绎,证明几何命题的正确性。例如,通过学习勾股定理,学生可以理解直角三角形的边长关系,并在解决实际测量问题时,灵活运用这一知识。几何知识有助于培养学生的空间想象力和逻辑思维能力,使他们能够在日常生活和未来职业中,准确理解和描述空间结构。

统计是研究数据收集、整理、分析和解释的一门学科。在统计学习中,学生需要掌握数据的分类和表示方法,如频率分布表、柱状图、饼图和散点图等。同时,学生还需要了解描述统计量的计算和意义,如均值、中位数、众数、方差和标准差等。通过学习统计知识,学生能够科学地处理和分析数据,从中发现规律和趋势。统计知识不仅在学术研究中具有重要应用,也在社会生活的各个方面,尤其是经济、管理和医学等领域发挥着关键作用。在概率学习中,学生需要掌握基本的概率概念和计算方法,如样本空间、事件、概率的定义和性质等。通过学习概率知识,学生可以理解和预测随机现象的发生情况,从而在不确定的情况下,做出科学合理的决策。例如,通过计算发生的概率,学生可以在日常生活中,如游戏、保险和投资等方面,进行风险评估和决策。概率知识不仅丰富了学生的数学视野，还培养了他们的科学思维和决策能力。

2. 应用实践模块

应用实践模块的设计旨在通过实际问题和项目学习，将数学知识应用于现实生活，从而增强学生的实际操作能力和解决问题的能力。学生能够更加直观地理解数学概念。例如，通过分析家庭预算和日常消费，学生可以应用代数知识进行支出和收入的平衡计算，从而理解方程和不等式的实际应用。在这种情境中，数学不再是抽象的符号和公式，而是具体的、可操作的工具，使学生感受到数学在生活中的实际价值。通过设计和实施项目，学生可以在实践中综合运用多种数学知识和技能。例如，在一个"建造模型"的项目中，学生需要应用几何知识进行测量和计算，设计出符合实际要求的建筑模型。这不仅提高了学生的动手能力和空间想象力，还培养了他们的团队合作精神和项目管理能力。项目学习的过程，既是知识应用的过程，也是学生综合素质提升的过程。

教师应当通过精心设计的实践活动，引导学生将课堂上学到的数学知识应用到实际问题中。例如，通过模拟商业活动，学生可以学习到统计和概率知识在市场分析和风险评估中的应用。教师还可以引导学生通过数据收集和分析，解决日常生活中的实际问题，如交通流量分析、环境污染监测等。

应用实践模块的实施，还需要充分利用现代信息技术和资源。通过互联网和各类教育平台，学生可以获取丰富的学习资源和实践机会。通过在线模拟实验，学生可以在虚拟环境中进行数据分析和模型建造，提高他们的实际操作能力和数学应用能力。同时，信息技术的应用，还可以使学生与更多的学习资源和实践机会接轨，拓宽他们的视野和知识面。

3. 拓展提高模块

为有能力的学生提供更具挑战性的内容，拓宽他们的视野，这是拓展提高模块的核心目标。拓展提高模块旨在满足学生个性化发展的需求，针对那些在基础学习中表现出色、有较强数学兴趣和能力的学生，提供更高层次的学习内容。例如，通过引入高等数学、数论、微积分等高阶段内容，学生可以在更广阔的知识领域中探索，进一步提升自己的数学素养和思维能力。通过探讨数学竞赛中的难题，学生不仅能体验到数学思维的严谨和美妙，还能培养自己独立思考和创新解决问题的能力。这种研究性学习，有助于学生在未来的学术研究和职业生涯中，具备更强的竞争力和创造力。

在拓展提高模块中，教师的角色不仅是知识的传授者，更是学生的指导者和启发者。教师应通过个性化的辅导和指导，帮助学生深入理解和掌握复杂的数学概念和理论。通过一对一的辅导和讨论，教师可以了解学生的兴趣和能力，提供针对性的学习资源和建议，帮助他们在数学学习中取得更大的进步。此外，教师还可以组织学生参与数学研讨会、讲座和学术交流活动，拓宽他们的视野，激发他们的学习兴趣和研究热情。通过将数学与其他学科，如物理、计算机科学、经济学等结合起来，学生可以在不同学科领域中，体验数学知识的广泛应用和重要价值。通过研究物理中的数学模型，学生可以理解数学在自然科学中的应用，增强他们的综合思维能力和跨学科知识整合能力。这种跨学科的学习，不仅能拓宽学生的知识面，还能培养他们解决复杂问题的能力。

拓展提高模块还应注重学生的实践能力和社会责任感的培养。通过设计一些社会实践活动和项目，让学生将数学知识应用于实际问题解决中。通过参与社区调查、环境保护等项目，学生可以在实践中体验数学的应用价值，增强他们的社会责任感和实践能力。这种实践性学习，不仅能提高学生的综合素质，还能培养他们的团队合作精神和社会服务意识。

二、有效数学课程框架

（一）课程内容

1. 基础知识与技能

数与代数、几何与测量、统计与概率等基本内容构成了数学的基础框架。数与代数方面，包括自然数、整数、分数、小数、比例、方程、函数等内容，这些知识是数学的基本单位和结构，使学生能够进行基本的算术运算和代数操作，理解数的概念及其运用。例如，学习如何解一元一次方程和二次方程，可以帮助学生在生活中解决比例、配比等实际问题。这一部分内容强调逻辑思维和抽象思维的培养，帮助学生建立起对数学的系统性认识。几何与测量则涉及空间概念的理解和掌握。几何知识包括点、线、面、体的性质，几何图形的分类及其基本性质，角度、长度、面积和体积的计算等。这些内容帮助学生理解和掌握空间关系和图形性质，培养他们的空间想象力和几何直观。通过几何学习，学生能够理解现实生活中物体的形状和结构，如建筑物的设计、物品的包装等。此外，测量知识也尤为重要，它涉及各种几何量的测定，如长度、面积、体积等，能够帮助学生在实际生活中进行科学合理测量与估算。

统计知识包括数据的收集、整理、分析与解释，帮助学生掌握基本的数据处理方法，能够对现实生活中的大量数据进行科学分析和合理预测。概率知识则包括基本的概率概念、概率计算等，帮助学生理解和预测随机事件的发生。通过学习统计与概率，学生可以在生活和学习中做出合理的判断和决策，如理解调查报告、预测考试成绩等。统计与概率的学习，不仅培养了学生的逻辑思维能力，还提高了他们的科学素养和分析问题的能力。此外，基础知识与技能的学习不仅仅是对知识点的掌握，更重要的是通过这些知识的学习，培养学生解决实际问题的能力。通过学习数与代数的知识，学生能够解决日常生活中的计算问题；通过几何与测量的学习，学生能够进行合理的空间设计和规划；通过统计与概率的学习，学生能够进行科学的预测和决策。这些基础知识和技能的学习，为学生的进一步学习打下了坚实的基础，也为他们将来应对复杂的社会和工作环境做好了准备。

在基础知识与技能的学习过程中，教学方式和方法的选择也至关重要。教师应注重启发式教学，通过实际问题的引导，让学生在解决问题的过程中掌握知识。此外，合作学习、项目学习等教学方法的运用，也能有效提高学生的学习兴趣和学习效果。通过多样化的教学方式，激发学生的学习动力，帮助他们在轻松愉快的学习氛围中掌握基础知识和技能。

2. 综合应用与探究

通过项目学习和课题研究等方式，学生可以将所学的数学知识应用于解决实际问题，进而提高综合运用能力。项目学习是一种以学生为中心的教学方法，通过设定具体的项目任务，学生需要在完成项目的过程中运用数学知识，进行独立思考和合作探究。例如，设计一个小区的绿化布局，不仅需要运用几何知识计算面积和周长，还需要考虑资源分配和美学设计，从而培养学生的综合思维和实践能力。课题研究则是另一种有效的教学方式。学生在选择课题时，可以根据自己的兴趣和实际生活中的问题进行选题，这样更能激发他们的学习动力和研究热情。学生不仅能运用所学的统计与概率知识，还能培养数据分析和科学研究的能力。同时，课题研究的过程也是培养学生独立思考、批判性思维和解决复杂问题能力的重要途径。

学校可以组织学生参加数学竞赛、科学展览、社会调查等活动，让学生在实际的社会情境中运用数学知识。参加数学建模竞赛，学生需要在有限的时间内，通过团队合作和数学建模方法，解决一个复杂的实际问题。这样的实践活动不仅能提高学生的数学应用能力，还能培养他们的团队合作精神和创新能力。教师应当根据学生的兴趣和能力，提供适当的项目和课题，指导学生进行探究和研究。同时，教师还应当注重培养学生的探究精神和科学态度，鼓励他们大胆提出问题，积极探索解决方案。通过教师的有效引导，学生不仅能掌握数学知识的应用方法，还能培养终身学习的能力和创新精神。

3. 拓展与提升

为那些对数学有浓厚兴趣和有较高能力的学生提供拓展内容和挑战性问题，不仅可以满足他们的学习需求，还能激发他们的学习潜能。通过设置更为复杂的数学问题和高级的数学理论，让这些学生可以在现有知识的基础上进一步深化理解，并探索数学的广度和深度。例如，学习微积分、线性代数、数论等高等数学内容，可以帮助学生建立更为坚实的数学基础，为未来的学术和职业发展打下良好基础。拓展内容不仅包括更高难度的数学问题，还涉及跨学科的数学应用。通过数学与物理、计算机科学、工程等学科的结合，学生可以在不同领域中应用数学知识，发现数学在解决实际问题中的重要性和广泛应用。例如，在计算机科学中，学生可以学习算法设计和分析，了解数学在计算机编程和数据结构中的应用；在物理学中，学生可以研究量子力学和相对论中的数学模型，理解复杂物理现象背后的数学原理。这种跨学科的学习不仅能拓宽学生的知识面，还能提高他们的综合运用能力和创新思维。

数学竞赛，如国际数学奥林匹克（IMO）、美国数学竞赛（AMC）等，为学生提供了展示自己数学才能的平台。通过参加这些竞赛，学生可以接触到更具挑战性的数学问题，锻炼逻辑思维和问题解决能力。同时，数学研究项目则提供了一个深入探讨某一数学问题或领域的机会。学生可以在教师的指导下，选择一个感兴趣的课题，进行系统研究和探讨。这不仅能培养他们的研究能力，还能提升他们的创新意识和学术素养。同时，教师还应当鼓励学生自主学习和探究，培养他们的独立思考能力和学术研究能力。提供高水平的数学书籍、在线课程和学术论文，让学生在自主学习中不断挑战自我，提升数学素养。此外，教师还应组织学生参与数学俱乐部和学术研讨会，与其他数学爱好者交流学习，分享研究成果，共同进步。拓展与提升不仅仅局限于校内教学，校外的数学学习资源同样重要。参加大学的暑期数学课程或数学研讨班，可以让学生接触到更高水平的数学教育和研究，开阔视野，增长见识。通过与大学教授和研究生的互动，学生可以了解到前沿的数学研究动态和最新的学术成果，激发他们的研究兴趣和探索精神。

（二）课程实施

1. 灵活安排课程时间

根据学生的学习情况和实际需要进行调整，不仅能提高教学效果，还能确保每个学生都能得到充分的学习机会。灵活安排课程时间可以根据学生的学习进度进行调整。对于那些学习进度较快的学生，可以适当增加课程内容的深度和广度，提供更多的挑战性问题和拓展内容。而对于学习进度较慢的学生，则可以适当放缓教学进度，提供更多的复习和巩固时间，帮助他们掌握基础知识和技能。此外，灵活安排课程时间还可以根据学生的学习特点和需求进行个性化调整。例如，有些学生可能在早晨的学习效率较高，那么可以将重要和难度较大的数学课程安排在上午进行。而对于那些晚上学习效率较高的学生，则可以在下午或晚上安排复习和作业时间。通过个性化的时间安排，可以最大限度地提高学生的学习效果，使他们在最适合的时间段内进行高效学习。

根据学生的能力和水平，将学生分为不同的学习小组，分别安排不同的教学内容和进度。这样不仅可以满足不同层次学生的学习需求，还能避免因统一进度而造成的学习压力和负担。对于基础较好的学生，可以安排更多拓展内容和项目学习，提高他们的综合运用能力和创新思维。而对于基础较差的学生，则可以安排更多的基础知识和技能训练，帮助他们逐步提高学习水平。另外，灵活安排课程时间还可以通过合理利用课外时间来实现。除了课堂教学外，学校还可以利用课余时间、周末和假期组织数学兴趣小组、辅导班和拓展课程，为学生提供更多的学习机会。例如，数学兴趣小组可以通过专题讲座、数学游戏和竞赛等形式，激发学生的学习兴趣和热情；辅导班可以为有需要的学生提供一对一的辅导和答疑，帮助他们解决学习中的疑难问题；拓展课程可以通过项目学习和课题研究等方式，培养学生的综合能力和创新精神。通过线上线下相结合的方式，学生可以在任何时间和地点进行学习。例如，通过录制教学视频、在线课程和电子教材，学生可以随时随地进行复习和自学；通过在线作业和考试，教师可以及时了解学生的学习情况，进行个性化的指导和反馈；通过在线讨论和交流，学生可以与教师和同学分享学习经验和心得，互相帮助，共同提高。教师需要根据学生的实际情况，灵活调整教学计划和进度，提供多样化的学习资源和支持。同时，教师还需要关注每个学生的学习情况和进展，及时发现和解决问题。此外，教师还可以通过定期的沟通，与家长一起制订科学合理的学习计划，共同支持学生的学习和发展。

2. 创新教学模式

利用信息技术不仅能提高教学效果，还能满足不同学生的学习需求。线上线下结合的教学模式能够实现资源共享和个性化学习。通过在线平台，教师可以将课程视频、电子教材、练习题和相关资源上传，学生可以根据自己的学习进度和需求进行自主学习和复习。这样，不仅能确保每个学生都能获得充分的学习资源，还能让学生在课后继续巩固和提高所学知识。在课堂上，教师可以通过多媒体设备展示复杂的数学概念和图形，利用动画和动态演示帮助学生更直观地理解抽象的数学知识。在线上，教师可以利用互动平台进行实时答疑和讨论，学生可以通过聊天室和论坛与教师和同学交流学习心得和问题。这样的教学方式不仅能增加课堂的趣味性和互动性，还能帮助学生更好地掌握知识点，解决学习中的疑难问题。

通过虚拟实验室和数学软件，学生可以进行模拟实验和探究，体验数学知识在实际问题中的应用。例如，通过几何画板和数学建模软件，学生可以进行几何图形的绘制和变换，了解几何性质和定理的证明过程；通过数据分析软件，学生可以进行数据的收集、整理和分析，学习统计和概率的基本方法。这些工具不仅能激发学生的学习兴趣，还能培养他们的实践能力和创新思维；通过自动批改系统，教师可以快速批改作业和测试，提供详细的评分和评语，帮助学生发现和改正错误；通过学习分析平台，教师可以跟踪学生的学习进度和表现，发现学习中的薄弱环节，提供有针对性的辅导和帮助。这些评估和反馈方式不仅能提高教学的效率和效果，还能促进学生的自主学习能力和自我提升。

探索线上线下结合的教学模式需要教师具备较高的信息技术素养和教学设计能力。教师需要不断学习和掌握新技术，了解各种在线教学平台和工具的使用方法，同时还需要根据学生的实际情况和教学目标，设计和调整教学内容和方式。例如，教师可以通过在线课程平台进行教学视频的录制和编辑，利用互动白板进行实时教学，利用数据分析工具进行学生学习情况的分析和评估。通过不断学习和实践，教师可以不断提高自己的教学水平和能力，适应现代教育的发展需求。学生需要学会使用各种在线学习平台和工具，掌握在线学习的基本方法和技巧，同时还需要培养自主学习和时间管理的能力。学生可以通过制订学习计划和目标，合理安排线上和线下的学习时间，利用在线资源进行自主学习和复习，通过在线讨论和交流解决学习中的疑难问题。通过培养这些能力，学生不仅能提高数学学习的效果，还能为未来的学习和生活做好准备。

3. 注重课后辅导

为有需要的学生提供课后辅导，可以帮助他们解决学习中的难题，巩固学习成果，从而提高整体学习效果。课后辅导可以针对学生个体差异进行个性化教学。每个学生的学习能力和理解速度不同，在课堂上难免会有一些学生跟不上进度。通过课后辅导，教师可以为这些学生提供一对一的指导，解答他们在学习过程中遇到的疑难问题，帮助他们补上落下的知识点。课堂教学时间有限，教师往往只能讲授基本概念和方法，难以深入讲解和反复练习。课后辅导则为学生提供了更多的时间和机会来复习和巩固所学内容。通过针对性练习和作业批改，教师可以帮助学生进一步理解和掌握知识点，提高他们的应用能力。对于数学中的重要公式和定理，教师可以通过反复练习和不同题型的应用，帮助学生加深理解和记忆。

许多学生在学习数学时缺乏有效的学习策略和方法，导致学习效率低下。教师可以指导学生如何进行科学复习、如何安排学习时间、如何做笔记和整理知识点等。培养学生良好的学习习惯和方法，不仅能提高他们的数学成绩，还能对其他学科的学习起到积极作用。学生可以学会自我管理和自我监督，逐步提高自主学习能力。可以采用一对一辅导、小组辅导或在线辅导等方式。一对一辅导可以提供最个性化和针对性的帮助，小组辅导则可以通过学生间的互动和讨论，促进彼此间的学习和理解，而在线辅导则可以突破时间和空间的限制，为学生提供更加灵活的学习方式。无论哪种形式，都应当以学生的需求为中心，提供适合他们的辅导内容和方法。

教师不仅需要具备扎实的专业知识和丰富的教学经验，还需要有耐心和责任心。教师应当善于倾听学生的困惑和问题，及时给予解答和指导。同时，教师还需要激发学生的学习兴趣和动力，鼓励他们积极参与辅导，主动提出问题，增强他们的学习信心。可以通过设定小目标和奖励机制，激励学生不断进步，取得更好的成绩。家长应当关注孩子的学习情况，了解他们在学习中遇到的困难，积极与教师沟通，配合学校的辅导安排。家长还可以为孩子创造良好的学习环境，提供必要的学习工具和资源，支持孩子的学习和发展。通过家校合作，可以形成教育的合力，共同帮助孩子提高数学学习效果。

第二节 有效数学课程内容的选择与组织

一、有效数学课程内容的选择

有效数学课程内容的选择是数学教育的核心任务。通过合理选择数学课程内容，能够激发学生的学习兴趣，培养他们的数学思维能力和解决实际问题的能力。

（一）紧扣课程标准

课程内容的选择应严格依据国家或地区的数学课程标准，确保内容的系统性和规范性。课程标准明确了各学段学生应掌握的数学知识和技能，为教师提供了具体的教学指南。因此，选择课程内容时，应紧扣课程标准，确保教学内容与课程目标一致。

（二）注重基础知识与基本技能

基础知识和基本技能是学生学习数学的基石。在选择课程内容时，应优先考虑那些能够帮助学生夯实基础的知识点和技能。基础扎实的学生才能更好地理解和掌握复杂的数学概念，进而解决更高层次的问题。

（三）结合实际生活

数学来源于生活，又服务于生活。应尽量选择那些与学生实际生活密切相关的内容，通过实际问题的解决，让学生体会到数学的实用性和趣味性。可以通过购物、测量、统计等日常活动中的问题，设计相关的数学学习内容。

（四）强调逻辑思维和问题解决能力

数学不仅是计算的学科，更是培养逻辑思维和问题解决能力的学科。课程内容应包括能够锻炼学生逻辑推理、归纳总结、分析问题和解决问题的内容。可以通过几何证明、方程求解、函数分析等内容，培养学生的逻辑思维和分析能力。

（五）关注学生差异

每个学生的数学基础和学习能力各不相同，选择课程内容时应充分考虑学生的个体差异，提供多层次的学习材料和任务。对于学有余力的学生，可以提供更具挑战性的内容；对于基础薄弱的学生，可以提供更多的基础练习和辅助材料，帮助他们逐步提高。

（六）综合创新和探究性学习

数学课程内容不应仅限于传统的知识点，还应包括综合创新和探究性学习的内容。通过项目学习、实验探究等方式，激发学生的创新思维和探究精神。可以设计一些跨学科的数学项目，让学生在实际操作中应用所学知识，培养他们的综合运用能力。

（七）融入现代技术

现代信息技术的发展为数学教学提供了新的手段和资源。课程内容的选择应融入适当的现代技术工具，如计算机软件、图形计算器、网络资源等，帮助学生更直观地理解数学概念，提升学习效果。例如，通过使用几何画板、数学建模软件等工具，可以让学生更直观地观察和探索数学问题。

二、有效数学课程内容的组织

有效的数学课程内容组织能够帮助教师更好地规划教学过程，促进学生系统地学习和理解数学知识，提高数学教学的整体效果。

（一）系统性与层次性

课程内容应具备系统性和层次性，按照知识的内在逻辑关系，从简单到复杂、由浅入深地进行组织。这不仅能够帮助学生逐步建立起数学知识体系，还能够增强他们的学习信心。例如，先学习数的基本运算，再学习代数方程和函数。

（二）主题模块化

将课程内容分成若干主题模块，每个模块涵盖相关的知识点和技能。这种组织方式有助于学生集中精力学习某一特定领域的内容，避免知识点的分散和混乱。例如，可以将课程分为数与代数、图形与几何、统计与概率等模块。

（三）知识关联性

在组织课程内容时，应注意知识之间的关联性，促进学生对知识的整体理解。教师可以在讲解新知识时，联系之前学过的相关内容，帮助学生建立知识的联系网。例如，在讲解二次函数时，可以回顾线性函数和一次方程的相关知识。

（四）实践与应用结合

将数学知识与实际应用相结合，组织一些实践活动和应用性强的内容。这不仅能够提高学生的学习兴趣，还能增强他们解决实际问题的能力。例如，在学习统计与概率时，可以组织学生进行数据收集和分析的实践活动。

（五）多样化的教学活动

课程内容的组织应包括多样化的教学活动，如课堂讲授、小组讨论、实验探究、项目学习等。这种多样化的教学活动有助于满足不同学生的学习需求。例如，可以在课堂上组织数学竞赛、小组合作解决问题等活动。

（六）注重探究与创新

在课程内容的组织中，应加入探究性和创新性的内容，培养学生的探究精神和创新思维。教师可以设计一些开放性的问题和任务，鼓励学生自主探究和创新。例如，可以通过项目学习、数学实验等方式，让学生自主发现和解决问题。

（七）整合信息技术

现代信息技术为数学教学提供了丰富的资源和工具，应合理整合信息技术，提升教学效果。例如，可以利用数学软件进行图形的动态演示，利用网络资源进行数学问题的探讨和交流。

（八）评价与反馈机制

应设计合理的评价与反馈机制，帮助学生及时了解自己的学习情况，教师也可以根据反馈调整教学策略。例如，通过定期的测试、作业、课堂讨论等方式，及时评估学生的学习效果，并给予有针对性反馈。

（九）跨学科融合

数学与其他学科有着密切的联系，应注重跨学科融合，帮助学生理解数学在其他学科中的应用。例如，在物理、化学等理科课程中，结合相应的数学知识进行教学，提高学生的综合运用能力。

（十）个性化学习

每个学生的学习能力和兴趣不同，课程内容的组织应考虑个性化学习的需求。教师可以提供不同层次的学习材料和任务。为学有余力的学生提供挑战性更强的内容，为学习有困难的学生提供更多的基础练习和支持。

第三节 有效数学教材的编写与评估

一、有效数学教材的编写

一个优秀的数学教材不仅要符合课程标准，还需要激发学生的学习兴趣，培养他们的数学思维能力和实际问题解决能力。

（一）符合课程标准和教学大纲

数学教材的编写应严格依据国家或地区的数学课程标准和教学大纲。教材中的知识点、技能要求和教学目标应与课程标准一致，避免偏离教学方向。

（二）内容的科学性和准确性

教材中的数学知识应具备高度的科学性和准确性，确保所提供的信息和例题无误。编写时要经过严谨的审校和验证，避免出现错误的概念和解答，保证学生获得正确的数学知识。

（三）结构清晰，逻辑严谨

教材内容的编排应具有清晰的结构和严谨的逻辑，便于学生逐步理解和掌握。每章、每节的内容应层层递进，循序渐进，帮助学生构建系统的数学知识体系。

（四）激发学习兴趣

教材应注重激发学生的学习兴趣，通过生动有趣的例题、插图、故事等方式，使学生对数学产生浓厚的兴趣。可以通过实际生活中的数学应用案例，让学生感受到数学的趣味性和实用性。

（五）注重培养数学思维能力

教材内容应注重培养学生的数学思维能力，特别是逻辑推理、抽象思维和解决问题的能力。可以通过设置思考题、探究性问题和开放性任务，培养学生的自主思考和探究能力。

（六）提供多样化的练习和活动

教材应提供多样化的练习和活动，包括基础练习、综合应用题、挑战性问题等，满足不同层次学生的学习需求。同时，可以设计一些小组活动、项目学习等，促进学生的合作和交流。

（七）突出重点和难点

教材应突出各章节的重点和难点，通过详尽的讲解和多样的例题，帮助学生理解和掌握关键知识点。对难点内容，可以提供更多的示例和练习，帮助学生逐步攻克难题。

（八）结合现代教育技术

现代教育技术的发展为教材编写提供了新的工具和资源。教材可以结合多媒体资源、网络资源等，提供更加直观和互动的学习体验。可以通过二维码链接到教学视频、动态演示等，增强教材的互动性和趣味性。

（九）注重应用性和实践性

教材内容应注重数学知识的应用性和实践性，让学生体会到数学的实用价值。可以设计一些结合生活实际的应用题、实践活动。

（十）考虑学生的认知特点和学习需求

编写教材时应充分考虑学生的认知特点和学习需求，内容的深度和广度应适合学生的认知水平。对于不同年级和不同能力的学生，提供适当的学习支持和挑战，确保每个学生都能在适合自己的水平上取得进步。

（十一）强调数学文化和历史

教材中可以适当加入数学文化和历史的内容，让学生了解数学的发展历程和重要人物，增强他们对数学的热爱和尊重。可以介绍一些数学家的生平故事、重要数学发现的背景等。

二、有效数学教材的评估

（一）内容的全面性与系统性评估

评估教材是否涵盖了所需的数学知识点和技能，是否与课程标准和教学大纲相一致。检查教材内容是否按照一定的逻辑顺序编排，是否有助于学生对知识的系统理解和掌握。评估教材的难度是否与学生的年龄和认知水平相匹配，是否能够逐步引导学生掌握不同层次的数学知识。

（二）教学方法与策略评估

评估教材是否提供了有效的教学方法和策略，如问题导向、探究学习等。

检查教材中是否包含丰富的练习题和实际应用案例，以帮助学生巩固所学知识和技能。评估教材是否详细说明了解题步骤和技巧，是否提供了充分的示例和解释。

（三）语言与表达的清晰性评估

检查教材中的数学术语和概念是否准确，是否符合数学学科的标准。评估教材的语言是否简洁明了，是否能够清晰地传达数学概念和解题思路。评估教材中的图示和示例是否有助于学生理解复杂的数学概念，是否清晰、易懂。

（四）学生参与度与反馈评估

评估教材是否设计了促进学生参与的活动，如小组讨论、课堂演示等。检查教材是否提供了有效的反馈机制，以帮助学生了解自己的学习进展和改进方向。

（五）适应性与可调整性评估

评估教材是否支持不同学习程度和能力水平的学生，如提供额外的挑战性问题或支持材料。检查教材是否提供了教师使用的辅助工具，如教学指南、答案解析等，帮助教师更好地进行教学。

（六）市场反馈与实际应用评估

收集教师和学生对教材的反馈，了解其在实际教学中的效果和适用性。评估教材在实际教学中的表现，如学生的学习成绩和理解能力的提升情况。

第四节 有效数学课程的创新与发展

一、课程内容的创新与发展

将数学理论与实际应用结合，设计与生活、工作相关的数学问题，提升学生的学习兴趣和实际能力。将数学与科学、工程、技术等学科相结合，设计跨学科的课程内容，帮助学生理解数学在不同领域的应用。及时更新课程内容，融入最新的数学研究成果和技术发展，使课程内容保持前沿性和实用性。

二、教学方法的创新与发展

鼓励学生主动探索和解决问题，通过实践活动和项目学习加深对数学概念的理解。利用数字化工具和平台，根据学生的兴趣和能力提供个性化的学习内容和反馈，支持差异化教学。结合传统课堂教学与在线学习资源，提供灵活的学习方式，增强学生的学习体验和效果。

三、评估与反馈的创新与发展

强调过程性评估而非仅仅结果评估，通过观察学生的学习过程和解决问题的策略来评估其理解能力。鼓励学生进行自我评估和同伴评估，提升他们的反思能力和批判性思维。利用数据分析工具跟踪学生的学习进展，提供及时和针对性反馈，帮助学生识别和解决学习中的困难。

四、教师专业发展的创新与发展

为教师提供持续的专业发展机会，更新他们的数学知识和教学技能，适应教育改革的需求。建立教师社区，分享和交流教学经验和最佳实践，促进教师之间的合作与学习。鼓励教师进行教学研究，探索和实施新的教学方法和策略，推动课程的不断改进和创新。

五、技术支持与资源的创新与发展

引入数学软件、在线平台和虚拟现实等技术工具，辅助教学和学习，提升数学教育的互动性和趣味性。建立和维护数学教学资源共享平台，提供丰富的教材、课件和教学案例，方便教师和学生获取和使用。利用虚拟实验和模拟工具进行数学实验和探索，帮助学生在没有实际操作条件的情况下进行实验和验证。

六、学生参与和反馈的创新与发展

鼓励学生主导和参与数学项目，提升他们的主动学习和创造力。建立定期的学生反馈机制，了解学生的学习体验和需求。建立学习共同体，让学生在小组讨论合作中交流和分享数学学习的心得和体会。

第三章 有效数学教学方法与策略

第一节 有效数学传统教学方法与现代教学方法

一、传统数学教学方法

（一）讲授法

讲授法作为传统的数学教学方法，通过教师的讲解和示范，系统地传授数学知识。这种方法在教学过程中具有很高的系统性和规范性。教师通过详细讲解，将数学概念、原理和解题方法逐步呈现给学生，帮助学生建立起完整的知识框架。由于讲授法强调系统的知识传递，学生能够在较短的时间内获取较为全面的数学知识，从而在认知上形成系统化的理解。在讲授法的实施过程中，教师通过示范具体的数学问题解题过程，使学生能够直观地看到解题步骤和方法。这种示范不仅能够帮助学生更好地理解抽象的数学概念，还能够通过具体的操作示例提高学生对数学问题的解决能力。对于一些复杂的数学问题，教师的示范尤为重要，它可以有效降低学生学习的难度，帮助他们更快地掌握相关知识。

由于这种方法主要由教师主导，学生的参与度通常较低。在课堂上，学生往往处于被动接受的状态，这可能导致学生的积极性和主动性不足。缺乏互动和讨论的机会，使得学生在学习过程中难以形成独立思考和解决问题的能力。

此外，讲授法有时可能忽视学生的个性化需求，不同学生的理解能力和学习节奏各异，统一的讲解可能无法满足所有学生的学习需求。讲授法的另一问题在于它的教学效果可能受到教师表达能力的影响。教师的讲解风格和示范技巧对于学生的理解至关重要。如果教师在讲授过程中表达不清或示范不够详细，可能会导致学生对知识点的理解存在偏差，进而影响学习效果。因此，教师在使用讲授法时需要具备较高的表达能力和教学技巧，以确保知识能够准确有效地传递给学生。

（二）演示法

演示法在数学教学中是一种通过具体实例和操作示范来帮助学生理解数学概念的有效方法。这种教学方式以其直观性和具体性为特点，使得抽象的数学概念变得更加易于理解。通过具体的演示，教师可以将复杂的数学问题拆解成易于操作的步骤，帮助学生更清晰地看到每一步的逻辑和计算过程。这种直观的教学方式能够有效地降低学生对抽象概念的认知难度，使他们能够更快地掌握相关知识。演示法通过实际操作和实例展示，能够让学生看到理论与实践的结合。例如，在讲解几何图形的性质时，教师可以通过绘制图形和实际操作来展示不同几何元素之间的关系，这种具体的示范能够帮助学生更好地理解几何概念的实际应用。通过观察和模仿，学生能够更加深入地了解数学问题的解决过程，进而提高他们的实际操作能力和问题解决能力。

由于演示法主要依赖于教师的示范，教学内容的覆盖面可能较为有限。教师在演示过程中通常选择一些典型的实例进行讲解，这可能无法涵盖所有可能的情况和问题。因此，学生可能会对未被演示的情况缺乏足够的了解，影响他们对知识的全面掌握。此外，演示法的主要优势在于具体和直观，但这种方式也可能导致学生对数学概念的理解停留在表面，缺乏对知识深入探讨和独立思考。另外，演示法的一个潜在问题是学生的自主学习和思考能力可能不容易得到培养。在教师主导的演示过程中，学生通常只是被动接收信息，而缺乏主动探索和独立解决问题的机会。这种被动的学习方式可能会限制学生的创造性思维和独立解决问题的能力发展。为了弥补这一不足，教师可以在演示之后设计一些引导性的问题和讨论环节，鼓励学生自主思考和探索，从而培养他们的独立思考能力和解决问题的技巧。

（三）练习法

练习法在数学教学中以大量习题练习的方式，致力于巩固学生对数学概念的掌握。这种方法的核心在于通过反复练习帮助学生加深对知识的记忆。通过不断地解题和操作，学生能够将课堂上学到的理论知识应用到实际问题中，从而加固对数学概念的理解。习题的重复练习使得学生能够熟练掌握各种数学技巧和解题步骤，从而提高他们的计算能力和解决问题的效率。在实践中，练习法能够帮助学生通过具体问题的解决，逐渐形成对数学知识的深刻理解。每一道习题不仅检验了学生对知识的掌握程度，还可以通过不断练习发现自身的薄弱环节，从而有针对性地进行改进和提高。特别是在掌握基本数学运算和解答标准问题时，练习法能够提供有效的支持，帮助学生建立起扎实的数学基础。

重复的练习可能使学生陷入机械记忆的困境。在这种情况下，学生可能只是按照固定的步骤进行操作，而没有真正理解问题的本质和背后的数学原理。机械地解决问题虽然可以在短期内提高解题速度，但这种方法可能会导致学生对数学概念的理解停留在表面，缺乏对知识的深度掌握。单一的练习法可能会导致学生对数学学习产生厌倦感。大量的习题练习虽然可以提高学生的熟练度，但如果没有有效的教学策略和反馈机制，学生可能会感到枯燥乏味，影响他们的学习积极性和兴趣。在长时间的练习过程中，缺乏变化和创新的教学方式可能会导致学生对数学学习的动力不足，从而影响整体的学习效果。

为了解决这些问题，教师在使用练习法时应结合其他教学方法，如问题导向学习和小组讨论等，以增强学生对数学知识的理解和应用能力。通过设计具有挑战性的练习题和提供及时的反馈，教师可以帮助学生从机械记忆中脱离出来，更好地理解和掌握数学概念。同时，在练习过程中引入一些趣味性和互动性元素，可以提高学生的学习兴趣，增强他们的积极性和主动性。

（四）小组讨论法

小组讨论法在数学教学中是一种通过学生分组讨论问题来促进学习的有效策略。学生在小组内进行讨论，能够共同探索数学问题的解决方法，从而提高他们的合作能力和解决问题能力。通过这种互动形式，学生不仅能够交换和分享彼此的见解，还能在讨论中深入理解数学概念和方法。小组讨论鼓励学生主动参与学习过程，通过讨论和协作，学生能够更全面地掌握数学知识，培养团队合作精神和沟通能力。教师需要在学生讨论过程中提供适时的引导和帮助，确保讨论的方向和内容符合教学目标。通过对学生讨论的观察，教师可以了解学生的理解程度和问题所在，从而提供针对性支持和反馈。这种方法能够有效地帮助学生解决在学习过程中遇到的难题，提高他们的思维能力和解决问题的技巧。

实施这一方法通常需要较多的时间来组织和管理。每个小组讨论的时间需要合理安排，并且教师在课堂上需要对多个小组进行指导，这可能会增加教师的工作量。此外，学生在小组讨论中可能会遇到意见不一致或沟通不畅的问题，这要求教师具备较高的组织和协调能力，以确保讨论的有效性和顺利进行。讨论过程中可能出现一些学生的参与度不高的情况。一些学生可能会在讨论中比较主动，而另一些则可能会较为被动，这会影响小组讨论的整体效果。因此，教师需要通过设置明确的讨论任务和角色分配，确保每个学生都有参与的机会，并鼓励所有学生积极发言和表达意见。

通过讨论，学生能够在合作中提升对数学知识的理解，培养批判性思维和解决问题能力。为了最大限度地发挥小组讨论法的作用，教师可以结合其他教学方法，如讲授法和演示法，进行综合应用。同时，合理安排课堂时间，设计富有挑战性的讨论题目，并制定有效的讨论规则，可以提高小组讨论的效率和效果。

二、现代数学教学方法

(一) 探究式教学法

探究式教学法是一种以学生自主探究和发现为核心的教学方法，鼓励学生通过解决实际问题来学习数学知识。与传统的教学方法不同，这种方法强调学生在学习过程中扮演主动的角色，通过探究和实验来深入理解数学概念。学生在探究过程中不仅能够运用所学知识，还可以通过对实际问题的解决，形成对数学原理的深刻理解。这种方式不仅提高了学生的自主学习能力，还促进了批判性思维的发展，使学生能够在实际问题中灵活运用数学知识。在探究式教学法的实施中，学生被鼓励主动提出问题，探索不同的解决方案。这种方法通过引导学生在实际情境中应用数学知识，帮助他们在解决问题的过程中形成科学的思维方式。学生通过动手操作和实验，不仅可以更好地理解数学概念，还能够提高解决实际问题的能力。探究式教学法的核心在于让学生主动参与知识的建构，而不是被动接受已有的知识，这种方法能够有效地激发学生的学习兴趣和探索欲望。

探究式教学法的实施也面临一些挑战。这种教学方法需要更多的时间和资源来设计有效的问题情境。教师在制定探究活动时，需要精心设计问题情境，以确保它们能够有效地引导学生进行探究，并促进他们对数学知识的理解。这不仅增加了教师的工作量，还要求教师具备较高的设计和组织能力。设计问题情境时，教师需要考虑到学生的实际水平和学习需求，确保问题既具有挑战性，又能引导学生有效地进行探究。由于这种方法强调自主学习，学生在解决问题时可能会面临迷茫和困惑。如果学生没有足够的指导和支持，可能会导致探究过程中的效率较低。因此，教师在应用探究式教学法时需要提供适当的支持和指导，帮助学生明确学习目标，制定探究计划，并在探究过程中给予反馈和帮助。

尽管存在这些挑战，探究式教学法在数学教育中的应用仍然具有显著的优势。通过探究活动，学生能够在实际问题中应用数学知识，培养自主学习和解决问题的能力。同时，这种方法能够激发学生的创新思维和探索精神，使他们在学习过程中更加积极主动。为了充分发挥探究式教学法的作用，教师需要在教学设计中平衡挑战和支持，确保学生在探究过程中能够获得有效学习体验。

（二）项目式学习法

项目式学习法是一种通过完成具体的数学项目来学习相关知识的教学方法。这种方法强调通过实践活动让学生在真实情境中应用数学知识，增加了学习的真实性和实用性。通过参与实际项目，学生能够将课堂上学到的数学理论和技能应用到实际问题中，从而提高对知识的理解和运用能力。项目式学习不仅使数学学习变得更加生动有趣，还能够增强学生的参与感和主动性，激发他们的学习兴趣和探索欲望。在传统的教学方法中，数学知识往往以抽象的形式呈现，学生可能难以理解这些知识如何在现实生活中发挥作用。而通过项目式学习，学生需要完成一个具体的项目，这使得数学知识的应用变得更加明确和直观。比如，在一个关于数据分析的项目中，学生可以收集和分析实际数据，这样不仅巩固了统计学知识，还提升了他们的数据处理能力和解决实际问题的能力。

项目的设计和实施需要教师进行精心准备。教师需要根据教学目标和学生的实际情况，设计出具有挑战性且切实可行的项目。这不仅需要对项目内容进行详细规划，还需要考虑如何组织和管理项目过程，确保每个学生在项目中都能够有效参与。这一过程对教师的教学设计能力和组织能力提出了较高的要求。此外，项目式学习法还可能面临时间和资源的限制。完成一个具体的数学项目通常需要较长的时间，这可能会影响到其他教学内容的安排。教师需要合理安排项目的时间，确保项目的完成不会影响整体教学进度。同时项目实施过程中可能需要一定的资源支持，如数据收集工具、实验设备等，这也可能对教学资源的配置提出挑战。

项目式学习法在提升学生参与度和学习效果方面表现突出。通过实际项目的完成，学生能够在真实情境中运用数学知识，从而加深对知识的理解和应用。同时，项目式学习法还能够培养学生的团队合作能力和项目管理能力，这些技能在未来的学习和工作中都具有重要意义。为了充分发挥项目式学习法的优势，教师可以在项目设计中结合其他教学方法，如小组讨论和探究式学习，以增强项目的互动性和有效性。同时，通过合理安排时间和资源，教师可以确保项目的顺利实施，并提高学生的学习体验和成果。

（三）数字化教学法

数字化教学法利用现代技术工具，如数学软件和在线资源来辅助教学，这种方法为数学学习提供了丰富的资源和互动体验。借助数字化工具，教师可以创建动态的数学模型和仿真环境，使学生能够更直观地理解复杂的数学概念。通过互动软件，学生可以实时操作和调整变量，观察不同条件下的数学现象，从而加深对数学理论的理解。此外，数字化教学法还能够提供即时的反馈，帮助学生及时了解自己的学习进展和掌握情况，这种反馈机制能够有效地指导学生的学习方向和策略。在实际应用中，数字化教学法带来了许多便利。在线学习平台和数学软件为学生提供了丰富的学习资源，包括视频教程、练习题和互动模拟。这些资源能够满足不同学生的学习需求，帮助他们根据自己的进度进行学习。同时，现代技术工具能够支持个性化学习，学生可以根据自身的学习能力和兴趣选择适合的学习内容。通过数字化技术，教学内容的展示和学习方式也变得更加多样化和生动，使得数学学习不再单调乏味。

对技术的依赖可能导致技术问题影响教学进度。在实际教学过程中，技术设备和软件可能出现故障或不兼容的情况，这可能会中断教学进程或影响学生的学习体验。技术问题的出现不仅增加了教师的工作负担，还可能导致课堂教学效果的降低。因此，在使用数字化工具时，教师需要做好技术支持和备选方案，以应对可能的技术故障。过度依赖数字化工具也可能导致学生对技术的依赖性增强，忽视了基本的数学技能和思维训练。虽然数字化工具能够提供大量的资源和即时反馈，但学生的数学基础和思维能力仍然需要通过传统的教学方法进行巩固和提升。如果学生过于依赖技术工具，可能会影响他们的数学基础知识的掌握和实际问题解决能力的发展。因此，在数字化教学中，教师需要合理平衡技术工具的使用与传统教学方法的结合，确保学生在享受数字化教学便利的同时，不忽视基本技能的培养。为了充分发挥数字化教学法的优势，教师应当注重技术工具的选择和应用，确保其与教学目标和内容相适应。同时，教师还需要定期更新和维护技术设备，确保其正常运作，以减少技术问题对教学的影响。此外，结合传统的教学方法，能够帮助学生更全面地掌握数学知识，培养他们的综合能力。

（四）混合式教学法

混合式教学法将传统课堂教学与在线学习相结合，充分利用了两者的优势。这种方法通过整合面对面的课堂教学和数字化在线学习，提供了更为灵活和多样化的学习体验。传统课堂教学为学生提供了直接的面对面交流和互动机会，而在线学习则可以提供丰富的数字资源和灵活的学习时间安排。通过结合这两种方式，混合式教学法能够满足不同学生的学习需求，增强学习的效果和效率。在混合式教学法中，教师可以设计富有针对性的教学活动，将传统的讲授和讨论与在线的资源和活动相结合。例如，课堂上可以进行基础知识的讲解和讨论，而课外则通过在线平台提供补充材料、练习题和互动讨论。这种方式不仅能够让学生在课堂上获得即时的反馈，还可以利用在线平台的资源进行更深入学习和复习。学生可以根据自己的时间安排进行在线学习，也能够在课堂上与教师和同学进行互动，讨论和解决问题。

教师可以根据学生的学习情况和反馈，灵活调整课堂教学内容和形式，同时通过在线平台监控学生的学习进展。这种灵活性不仅能够提高教学的针对性，还能够帮助学生根据自身的学习节奏进行自主学习。教师需要掌握多种教学方法和技术，才能够有效地整合传统和在线教学资源。混合式教学法不仅要求教师要具备良好的教学设计能力，还需要他们具备一定的技术能力，以便顺利地使用在线学习平台和工具。教师还需要投入额外的时间和精力进行技术支持和资源更新，确保在线学习的内容和平台能够正常运行并满足学生的需求。此外，混合式教学法的实施可能会面临学生对在线学习的适应问题。有些学生可能不习惯或不适应在线学习的形式，可能会影响他们的学习效果。因此，教师需要在教学中提供足够的支持和指导，帮助学生适应在线学习的方式，并有效地利用在线资源来增强学习效果。

三、传统方法与现代方法的比较

（一）知识传递

知识传递是教学的核心过程，传统教学方法通常侧重于系统地传递知识。这种方法通过教师的讲解和示范，将既定的知识体系有序地传递给学生。教师在讲授过程中通常以教材为基础，按照教学大纲的要求，将学科内容逐步展开。传统方法的优势在于其系统性和条理性，能够帮助学生建立起扎实的基础知识框架。学生能够清晰地了解知识的结构和逻辑，从而为进一步的学习奠定坚实的基础。现代方法更加强调知识的应用和探究，而不仅仅是传递信息。这种方法鼓励学生主动参与学习，通过实际问题的解决和探究活动来理解和应用知识。现代教学方法关注学生的学习过程，而不仅仅是结果，强调学生在学习中的主动性和创造性。学生在探索和实践中能够发现知识的实际价值和应用场景，这种体验式的学习方式能够激发学生的兴趣，提高学习的积极性。

在现代教学方法中，知识的传递不再是单向的，而是互动的过程。教师的角色从传统的知识传递者转变为学习的引导者和支持者。教师通过设计富有挑战性的问题和实际情境，鼓励学生进行自主学习和合作探究。学生在解决实际问题的过程中，能够将所学知识应用于真实情境中，深化对知识的理解。这样的学习方式不仅能够提高学生的实际操作能力，还能够培养他们的批判性思维和创新能力。传统方法提供了系统性的知识结构和理论基础，这些仍然是学生深入学习和应用知识的必要条件。将传统方法与现代方法结合使用，可以发挥各自的优势，既确保学生掌握扎实的基础知识，又能够激发他们的探究精神和实践能力。

在具体的教学实践中，教师可以根据教学目标和学生的实际情况，灵活选择和调整教学方法。例如，在传授基础知识时，可以采用传统的讲授法以确保学生掌握核心概念；而在进行应用练习和探究活动时，则可以采用现代的互动式教学方法，促进学生的主动学习和深度理解。通过这种综合运用，教师能够更好地满足学生的学习需求，提高教学效果。

（二）学生参与

在传统教学方法中，学生的参与度往往较低。这种教学方式通常由教师主导，课堂上主要是教师讲解和传授知识，学生的主要任务是听讲和记笔记。学生的参与形式多为被动接受者，课堂活动以教师的讲授为主，学生很少有机会主动参与讨论或实践操作。这种方式强调教师对知识的传递，学生的角色相对被动，通常以接受和记忆为主。这种教学方法虽然系统性强，能有效传递知识，但由于学生的参与度低，可能会导致他们对知识的理解不够深入，学习兴趣和主动性也较难激发。相比之下，现代教学方法则大大改变了学生的参与方式，鼓励学生主动参与和互动。这种方法注重学生在学习过程中的积极性和主动性，通过各种教学活动促进学生的参与和交流。教师可以通过小组讨论、课堂互动、角色扮演等方式，鼓励学生表达自己的观点，分享自己的想法。现代教学方法还常常结合项目式学习、探究式学习等形式，使学生在实际操作和问题解决中积极参与，从而更深入地理解和应用知识。学生不再是被动的听众，而是学习过程中的主动参与者和实践者。

这种鼓励主动参与的教学方法不仅提高了学生的学习积极性，还增强了他们的学习效果。通过参与讨论和实践活动，学生能够在互动中加深对知识的理解，形成更为全面的认知。互动式学习也促进了学生的合作精神和团队能力，他们在小组讨论和项目合作中能够互相学习，分享经验，这种协作方式有助于提高他们的综合能力和解决问题的能力。尽管现代方法在提高学生参与度方面表现突出，但这也对教师提出了新的挑战。教师需要设计和组织各种互动活动，确保每个学生都能积极参与，并从中获得有效的学习体验。这不仅要求教师具备较高的教学设计能力，还需要在课堂管理和互动引导方面具备一定的技巧。教师需要通过适当的活动和策略，激发学生的兴趣，确保他们在课堂上的积极参与和互动。

（三）教学资源

教师通常使用教科书、参考书和打印的练习题作为教学的主要资源。这些纸质资源提供了系统化的知识内容和练习题，可以帮助学生建立基本的知识框架和技能。教材的内容经过精心编排，涵盖了教学大纲中规定的各个知识点，确保学生能够按部就班地学习。然而，这种依赖于纸质资源的方式在资源的更新和使用上存在一定的局限性，教材的更新频率较低，无法及时反映最新的知识和技术发展。现代教学方法则利用数字资源和技术工具，为教学提供了更多的选择和灵活性。数字化教学资源包括在线学习平台、数学软件、电子图书和多媒体教学材料等，这些资源能够为学生提供更加丰富和多样化的学习体验。通过利用这些技术工具，教师可以设计互动性强的课程内容，如动态演示、模拟实验和在线测验等，这些功能有助于增强学生的学习兴趣和参与度。数字资源能够及时更新，反映最新的学科进展，使学生能够接触到前沿的知识和技术。

（四）教学效果

通过教师的系统讲解和教材的逐步展开，学生能够逐步建立起完整的知识体系。这种方法强调知识的条理性和系统性，使学生能够清晰地理解各个知识点的关系和结构。教师通过标准化讲解和示范，确保知识的传递具有一致性和规范性。这种系统化的教学方式有助于学生扎实基础，特别是在基础学科的学习中，传统方法能够确保学生掌握核心概念和基本技能，从而为进一步的学习打下坚实的基础。尽管传统方法在知识传递性上表现突出，但现代教学方法在激发学生的兴趣和实践能力方面则具有明显优势。现代教学方法通过采用各种互动式和探究式的教学活动，能够有效地调动学生的学习积极性和主动性。通过小组合作、项目任务、实践操作等形式，学生不仅能够更深入地理解知识，还能够将理论应用于实际问题中。这种实践导向的学习方式有助于提高学生的实际操作能力和解决问题的能力，同时也能够激发学生的学习兴趣，使他们更愿意主动参与课堂活动。

现代教学方法还通过使用多媒体和数字化工具，提供了丰富的学习资源和互动体验。这些技术工具能够将抽象的知识具体化，通过动画、模拟、互动游戏等形式，使学生对复杂的概念有更直观地理解。这种方式不仅提高了学生的学习兴趣，还能够帮助他们在学习过程中进行实践和探索。学生通过实际操作和互动体验，能够将理论知识转化为实践能力，从而提高他们的综合素质和实践能力。实践活动和互动形式可能导致课堂时间的安排更加灵活，教师需要在教学设计中考虑如何平衡知识的深度与实践活动的广度。

第二节　有效数学探究式教学与问题导向学习

一、探究式教学的核心要素

探究式教学是一种以学生为中心的教学方法，强调学生主动参与知识的发现和构建过程。这种方法的核心在于学生在探索过程中不仅学习知识，更重要的是培养其问题解决能力和批判性思维。

(一) 开放性问题

探究式教学的一个核心特征是使用开放性问题作为教学的起点。这类问题的特点在于它们没有固定的答案，而是要求学生通过多种途径来寻找解决方案。这样的设计不仅鼓励学生独立思考，还促使他们在解决问题的过程中深入理解数学概念。与传统教学中标准化问题不同，开放性问题通常包含复杂的、多层次的内容，需要学生进行全面分析和探讨。开放性问题的设置意在激发学生的好奇心和探究欲。在面对这些问题时，学生往往需要挖掘背后的原理和逻辑，而不仅仅是记忆和应用公式。这种方法要求学生主动参与到知识的发现和构建中，通过实际操作和实验来探索答案。由于问题本身是开放的，学生可以从不同的角度和方法入手，尝试多种解决途径，这样的探索过程有助于提高他们的问题解决能力和批判性思维。

在解决开放性问题时，教师在此过程中扮演的是引导者和支持者的角色，为学生提供必要的帮助和建议，而不是直接给出答案。学生需要与同伴进行讨论，分享各自的见解和策略。这种合作学习的方式不仅能够增进学生之间的交流，还能促使他们在集体智慧的碰撞中形成更为全面的理解。通过讨论，学生可以看到问题的不同解决方式，从而拓宽自己的思维方式并学习如何将不同的观点综合起来。学生往往需要主动寻找资源，进行深入的调查和研究。这种自主学习的方式不仅能够帮助学生更好地掌握知识，还能培养他们的自我管理能力和独立思考能力。

(二) 自主学习

自主学习是探究式教学中的关键环节，它要求学生在学习过程中主动寻找信息和资源。这种方式不仅能够帮助学生掌握知识，更重要的是培养他们的独立思考能力和自我管理能力。与传统教学模式中教师主导的教学不同，自主学习强调学生的主动参与和自我探索。学生在面对问题时需要自行查阅资料、研究理论，并综合利用多种资源来解决问题，这一过程有助于培养他们的自主学习习惯和问题解决能力。通过自主学习，学生能够在信息的海洋中学会筛选和评估有用的资源。这种能力对于学生未来的学习和生活至关重要。在探究过程中，学生不仅需要找到相关的信息，还需要评估信息的可靠性和适用性。这种信息处理能力有助于提高他们的分析能力和批判性思维，使他们在面对复杂问题时能够做出更为明智的决策。

在自主学习的过程中，学生需要规划自己的学习时间和学习任务，并设定明确的学习目标。有效的时间管理和任务规划能够帮助学生提高学习效率，并在有限的时间内完成既定的学习任务。学生在这一过程中逐渐形成良好的学习习惯和自我监督机制，从而提升他们的学习自主性和责任感。教师需要设计出能够激发学生探究兴趣的问题，并在学生遇到困难时提供必要的指导和支持。教师的任务是帮助学生明确学习目标，提供适当的资源和建议，鼓励学生在探索过程中进行有效思考和总结。教师能够帮助学生在自主学习中找到方向，并激发他们的学习动力。在自主学习中，教师还可以通过设定适当的评价标准，帮助学生自我评估学习成果。教师可以引导学生进行自我反思，鼓励他们对自己的学习过程进行总结和评价。这种反思不仅能够帮助学生认识到自己的优点和不足，还能够促进他们在后续学习中不断改进和提升。

（三）合作学习

探究式教学的一个显著特点是鼓励学生在小组中合作，通过集体讨论和交流来共同解决问题。这种合作学习模式不仅能够提高学生的团队合作能力，还能促进思维的多样性。在小组合作过程中，学生通过交流各自的见解和想法，能够更全面地理解问题。合作学习的优势在于，它能够让学生从不同的角度来看待和分析问题。每个学生都有其独特的思维方式和见解，当他们在小组中分享和讨论时，会分析出问题的多种维度。这种多角度的分析有助于学生拓宽思维视野，理解问题的复杂性。通过集体讨论，学生不仅能够获得更多的观点，还能够学会如何整合不同的意见，形成更全面的解决方案。

在合作学习中，学生需要学会如何与他人沟通、协调和合作。这种能力在未来的学习和职业生涯中都是非常重要的。学生能够培养出有效的沟通技巧和团队协作能力，从而为未来的团队工作打下良好的基础。学生通常会受到同伴的激励和支持，这种互动有助于增强他们的学习积极性。通过共同解决问题，学生能够体验到合作带来的成就感，从而进一步激发他们的学习兴趣。

（四）反思与总结

探究式教学的一个重要环节是完成探究任务后的反思与总结。在探究活动结束后，学生需要回顾整个学习过程，总结所学的知识和解决问题的方法。这种反思不仅有助于巩固所学内容，还能促使学生识别和改进自己的学习策略，从而提高未来的学习效果。通过反思，学生能够系统地回顾探究过程中的关键环节和决策。这一过程不仅涉及对所学知识的复习，还包括对解决问题方法的检视。学生可以分析在探究过程中遇到的困难和挑战，评估自己在这些情况下的应对策略。这种自我审视有助于学生识别哪些方法有效，哪些需要改进，从而提升他们的学习策略和问题解决能力。

总结阶段则要求学生将探究过程中获得的知识和经验进行整理和归纳。学生需要将所学的概念和技能进行系统化，总结出核心的学习要点。这种总结不仅能够帮助学生加深对知识的理解，还能使他们在日后的学习中更好地应用所学内容。通过整理和归纳，学生能够建立起知识的结构性框架，从而增强知识的记忆和应用能力。此外，反思与总结还能够帮助学生认识到自身的学习优点和不足。学生可以对自己的学习方法进行评估，识别哪些方面做得好，哪些方面需要改进。这种自我评估能够提高学生的自我认知能力，使他们在未来的学习中能够更有效地调整和优化学习策略。

二、问题导向学习的实施策略

问题导向学习（Problem-Based Learning，PBL）是一种以实际问题为中心的教学方法，旨在通过解决实际问题来学习和应用知识。

（一）选择实际问题

在问题导向学习（PBL）中，教师首要任务是选择具有实际意义和挑战性的任务或问题。这些问题应当贴近学生的日常生活，让学生感到所学内容与他们的现实生活息息相关。只有当问题能够激发学生的兴趣，才能真正引导他们投入到学习过程中。通过与实际生活相关的问题，学生能够更好地看到知识的应用场景，从而激发学习动力。此外，教师需要确保所选问题具有足够的挑战性，以促进学生深入思考和讨论。这些问题不能过于简单，应该要求学生进行调查研究、数据分析和批判性思维。通过面对具有挑战性的问题，学生才能够提高解决实际问题的能力，还能培养他们的创新思维和团队合作精神。

与此同时，实际问题的选择还应考虑其多样性，以满足不同学生的兴趣和需求。教师可以通过调查或讨论，了解学生对哪些领域或话题更感兴趣，从而有针对性地设计问题。这不仅能提高学生的参与度，还能使他们在解决问题的过程中，体验到不同学科知识的综合应用。在多样化的问题情境中，学生能够拓宽视野，培养跨学科的综合能力。通过解决实际问题，学生能够更好地理解知识的应用场景。这种学习方式让学生在动手实践中，逐步领悟理论知识的实际意义，并能够将其应用于实际生活和未来工作中。学生在解决问题的过程中，会遇到各种挑战和困难，这不仅有助于提高他们的解决问题能力，还能锻炼他们的耐心和毅力。教师在指导学生时，应鼓励他们勇于尝试和探索，不断反思和总结，逐步提升他们的综合素养。

（二）设计问题情境

在设计问题导向学习中的问题情境时，教师需要付出极大的努力，确保问题的复杂性和挑战性适合学生的能力水平。设计的问题情境应当提供充足的信息，使学生能够有一个明确的起点。然而，这些信息不能过于详尽，以免限制学生的思维和探索空间。只有在信息量适中、内容丰富但不完整的情境中，学生才能够充分发挥他们的主动性和创造力，积极参与到问题解决的过程中。此外，教师在设计问题情境时应考虑到学生的认知发展水平和兴趣爱好。不同年龄段和知识背景的学生对问题的理解和处理方式各不相同，教师需要对学生进行全面了解，设计出适合他们的情境。教师应通过观察和反馈，不断调整和优化问题情境，使其更符合学生的实际需求和能力水平。

通过让学生在实际操作中解决问题，能够加深他们对知识的理解和掌握。教师可以设置一些需要动手实验、调查研究或数据分析的情境，引导学生在真实情境中应用所学知识。实践活动的设计应既具有挑战性，又能使学生通过努力获得成就感，从而增强他们的学习动力和信心。此外，教师在设计问题情境时，应考虑到问题的多样性和开放性。单一、封闭的问题往往限制了学生的思维和探索，而多样化和开放性的问题情境则能够激发学生的创造力和批判性思维。教师可以设计一些多解性问题或开放性任务，让学生有更多的选择和思考空间。这样不仅能培养学生的创新思维，还能使他们在解决问题时，学会从不同角度分析和思考，培养全面解决问题能力。通过设置需要团队合作完成的任务，可以培养学生的沟通能力和合作精神。教师可以在问题情境中引入小组讨论、角色扮演或项目合作等形式，使学生在解决问题的过程中，学会与他人合作，共同面对挑战。这样的设计不仅能提高学生的团队合作能力，还能通过集体智慧的碰撞，产生更多的创新和解决方案。

（三）组织小组讨论

小组合作不仅能促进学生之间的互动，还能增强他们的团队意识和合作能力。教师在组织小组讨论时，应首先合理分配小组成员，确保每个小组成员的知识背景和能力水平相对均衡。这种合理的分配有助于每个成员在讨论中都能发挥自己的特长，同时从其他成员那里获得新的见解和知识。此外，教师在小组讨论中需要扮演指导者的角色，适时提供必要的支持和反馈。教师应关注每个小组的讨论进展，了解他们在讨论中遇到的困难和问题，并及时给予指导。例如，当小组讨论陷入僵局或出现分歧时，教师可以引导学生换个角度思考或提供一些启发性的问题来促进讨论的深入。教师的适时介入和反馈不仅能帮助学生克服困难，还能使他们在讨论中获得更多的学习体验。

教师应鼓励小组成员积极参与讨论，确保每个学生都有表达自己观点的机会。在一些小组讨论中，可能会出现某些学生过于主导讨论，其他学生则相对沉默的情况。教师需要关注这种现象，并采取措施鼓励沉默的学生积极发言。可以通过轮流发言的方式，或设置特定的角色，如记录员、时间管理者等，使每个成员都有参与和发言的机会。这样的安排不仅能促进小组成员之间的平等互动，还能使讨论更加全面和深入。教师在小组讨论中应注重培养学生的批判性思维和解决问题的能力。通过引导学生在讨论中进行深入分析和批判性思考，教师可以帮助学生从不同角度审视问题，并制定更全面和有效的解决方案。例如，教师可以鼓励学生提出反驳意见，或通过角色扮演的方式模拟不同的情境，使学生在多样化的讨论中提高分析和解决问题的能力。一个安静、舒适的讨论环境有助于学生集中注意力，并充分参与讨论。此外，教师应为学生提供必要的讨论资源，如参考书、网络资源等，使他们在讨论中有充分的资料支持。教师还可以为小组讨论设置明确的目标和时间限制，使学生在讨论中有明确的方向和进度安排。

（四）提供反馈与评估

教师应在学生的探究过程中，给予及时、具体反馈，帮助他们识别问题、改进方法和优化解决策略。这样的反馈不仅能指导学生朝正确的方向前进，还能激发他们的学习动力和兴趣。通过对探究过程的细致观察，教师可以发现学生在思维和操作上的不足，及时提出改进建议，从而提高学生的学习效果。此外，教师在提供反馈时，应注重反馈的建设性和针对性。反馈不仅仅是指出学生的错误，更应包括对其优点的肯定和鼓励，以及对不足之处具体的改进建议。

教师可以通过面谈、书面评语或小组讨论等多种形式，向学生传达反馈意见。这样的多样化反馈方式，可以使学生从不同角度理解和吸收教师的建议，从而更好地改进和提升自己的学习和解决问题的能力。

在评估学生的学习成果时，教师应综合考虑多个维度，而不仅仅是关注最终的解决方案。学生的解决问题能力、合作精神和自主学习能力都是评估的重要方面。教师可以通过观察学生在探究过程中的表现，记录他们的合作情况、思维过程和自主学习的积极性，全面评估学生的综合素质。这样的综合评估方式，不仅能反映学生的实际能力，还能鼓励他们在多方面发展，提升整体素质。教师在评估过程中，应采用多种评估方法，确保评估的全面性和公平性。例如，教师可以结合自评、互评和教师评等多种形式，使评估结果更为客观和全面。自评可以让学生反思自己的学习过程，认识到自身的优点和不足；互评可以促进学生之间的相互学习和借鉴；教师评则能从专业角度提供权威的评价和建议。多元化的评估方式，不仅能使评估结果更加全面，还能提升学生的评估参与感和责任感。

教师应在评估结果的反馈中，注重激励和引导。评估不仅是对学生学习成果的总结，更是对他们未来学习的指导。教师在反馈评估结果时，应充分肯定学生的进步和成绩，激发他们的学习兴趣和信心。同时，对于存在的问题和不足，教师应提出具体的改进建议，帮助学生明确努力方向。通过激励和引导，教师可以帮助学生在未来的学习中，取得更大的进步和发展。

三、探究式教学与问题导向学习的结合

探究式教学和问题导向学习虽然有各自的特点，但它们可以有效地结合在一起，发挥各自的优势。

（一）设计探究问题

将问题导向学习中的实际问题融入探究式教学，可以使学生在解决问题的

过程中进行深入探究和思考。这样的设计不仅可以提高学生解决实际问题的能力，还能促进他们对知识的深入理解和应用。探究问题应具备一定的挑战性和探索性，使学生在解决过程中不断思考、实验和反思，从而提高他们的综合素质。教师在设计探究问题时，首先应考虑问题的相关性和现实意义性。选择贴近学生生活或未来职业发展的实际问题，可以激发学生的兴趣和主动性。通过解决这些实际问题，学生不仅能看到知识应用于现实场景，还能感受到解决问题带来的成就感。例如，教师可以设计一个关于环境保护的探究问题，要求学生研究校园内的垃圾分类现状，并提出改进方案。这类问题既具有现实意义，又能引导学生深入探究和思考。

开放性问题没有唯一的答案，能够引导学生从不同角度思考和解决问题。多样性的问题情境可以涵盖不同学科领域，使学生在探究过程中接触和整合多方面的知识。例如，在设计一个关于城市交通拥堵的探究问题时，教师可以要求学生从社会、经济、技术等多个维度进行分析，并提出综合性的解决方案。这样的问题设计，不仅能培养学生的综合思维能力，还能提高他们的创新和解决问题的能力。教师应在探究问题中设置适当的挑战和难度，促使学生进行深入研究和探索。问题不能过于简单，否则学生无法获得深入探究的体验，也不能过于复杂，以免学生产生挫败感。教师可以通过逐步引导和提供适当的资源，帮助学生克服探究过程中的困难。例如，教师可以设计一个关于能源利用效率的探究问题，让学生调查学校各类设备的能耗情况，并提出节能改进建议。教师可以提供相关的能源知识和调查方法，帮助学生更好地完成探究任务。

通过小组合作探究，学生可以在交流和讨论中激发新的思路，解决问题的过程也更加丰富多彩。教师可以设计需要团队合作完成的探究任务，例如，设计一个关于社区服务项目的探究问题，要求学生分组调查社区需求，设计并实施服务方案。这样的探究任务，不仅能培养学生的合作精神和沟通能力，还能提高他们的实际操作和组织能力。

(二)促进合作学习

在探究式教学中,引入问题导向学习的合作模式是促进学生全面发展的有效途径。学生不仅能够分享不同的观点和解决策略,还能在团队协作中提升自己的综合能力。合作学习使学生在讨论和交流中,充分发挥各自的特长和优势,从而增强学习的深度和广度。合作学习能够促使学生在解决问题时集思广益。不同学生具有不同的知识背景和思维方式,在合作过程中,他们可以从多角度分析问题,提出多种解决方案。这种观点的碰撞和交流,不仅能拓宽学生的视野,还能使他们在思考问题时更加全面和深入。例如,在解决一个复杂的数学问题时,学生可以从代数、几何、统计等不同角度入手,通过合作找到最佳的解决方案。

学生需要表达自己的观点,倾听他人的意见,并通过讨论达成共识。这种互动和交流,有助于培养学生的沟通技巧和团队合作精神。教师可以通过设计一些需要团队合作完成的任务,促进学生在合作中不断提升自己的沟通和协作能力。例如,在一个科学实验项目中,学生需要分工合作,进行实验设计、数据收集和结果分析,通过团队协作完成整个实验任务。学生可以相互鼓励和支持,共同面对学习中的挑战和困难。教师可以通过设置一些有趣和具有挑战性的合作任务。例如,在一个历史研究项目中,学生可以分组调查某一历史事件,通过合作完成研究报告和展示。这种积极的学习氛围,有助于激发学生的学习兴趣和主动性,使他们在解决问题时更加投入和专注。

学生可以提出不同的观点和意见,通过相互质疑和辩论,提高他们的批判性思维能力。合作学习还能够激发学生的创造力,使他们在解决问题时更加富有创新精神。教师可以通过设计一些开放性和多解性的问题,促进学生在合作中不断创新和探索。例如,在一个环境保护项目中,学生可以合作设计和实施环保方案,通过创新和实践提高他们的环境保护意识和能力。教师应积极参与到小组讨论中,给予适当的指导和反馈,帮助学生解决合作中遇到的问题和困难。同时,教师应鼓励学生在合作中互相学习和支持,创造一个积极和谐的合作学习环境。通过有效指导和支持，教师可以帮助学生在合作学习中取得更好的效果和进步。

（三）整合反思与评估

将探究式教学中的反思环节与问题导向学习中的评估机制结合起来，能够帮助学生在完成问题解决后进行全面的总结和反思，进而巩固知识并提升能力。这种结合不仅能让学生深刻理解所学内容，还能促进他们不断改进自己的学习方法和策略。在学生解决问题后，通过反思，他们可以回顾整个探究过程，分析自己在解决问题时的思维路径和决策过程。反思不仅能帮助学生总结成功的经验，还能识别在探究过程中存在的不足和挑战。教师可以提出一些启发性的问题，如"在探究过程中遇到了哪些困难?""有哪些解决策略是有效的?""如果重新进行探究，是否会有不同的做法?"通过这样的反思，学生能够更好地理解自己的学习过程，并不断改进和优化自己的学习策略。

教师不仅需要评估学生最终的解决方案，还应关注学生在探究过程中的表现和进步。综合评估包括对学生解决问题能力、合作精神、自主学习能力等多方面的考察。教师可以通过观察、记录和反馈等方式，全面评估学生在探究中的表现。例如，教师不仅要评估学生的实验结果，还应关注他们在实验设计、数据分析、团队合作等方面的表现，从而给予全面的评价。教师可以通过面谈、书面评语等方式，将评估结果反馈给学生，指出他们的优点和不足，并提出具体的改进建议。这样的反馈可以帮助学生明确自己的学习方向，增强他们的学习信心和动力。例如，教师在评估一个历史研究项目时，可以肯定学生的研究成果，同时建议他们在资料收集和分析方法上进一步改进，从而帮助他们在未来的探究中取得更好的成绩。

在反思过程中，学生可以认识到自己的学习习惯和方法，并通过教师的反馈，调整和优化自己的学习策略。这种自主学习的能力，是学生在未来学习和工作中取得成功的重要素质。教师应鼓励学生在反思和评估中，积极寻找和探索适合自己的学习方法，不断提升自己的自主学习能力。

第三节 有效数学伙伴式教学与小组合作学习

一、有效数学伙伴式教学

（一）伙伴式教学的含义

数学伙伴式教学指两名或多名学生组成固定学习伙伴，通过相互交流、讨论和帮助，共同解决数学问题。目标是利用学生之间的互动，提高学习效率和效果。

（二）实施策略

1. 合理配对

教师需要根据学生的能力和兴趣进行配对，以确保伙伴间的互补性和合作性。教师应深入了解每个学生的数学能力和学习风格，通过观察、测评和与学生的交流，掌握他们的优势和弱点。这样教师可以将能力较强的学生与能力较弱的学生配对，使他们能够互相帮助，共同进步。学生在对数学感兴趣的领域内学习和讨论，会更有动力和积极性。因此，教师在配对时应尽量选择那些在相同或相似数学领域有兴趣的学生，兴趣相投的学生在合作中会更加主动和投入使他们能够在共同的兴趣基础上展开讨论和合作。一些学生可能擅长独立思考，而另一些学生则更善于团队合作。在配对时，教师应综合考虑这些因素，将性格互补的学生配对。性格外向、善于表达的学生可以与性格内向、逻辑思维强的学生配对，这样不仅能使讨论更为丰富，还能帮助内向的学生提高表达能力。教师应定期评估和调整配对情况。随着学习的进展，学生的能力和兴趣可能会发生变化，原有的配对可能不再适合。因此，教师应定期观察学生的合作情况，听取学生的反馈，及时调整配对，使之始终保持最佳状态。通过不断评估和调整，教师可以确保学生在合作中始终获得最大收益。

2. 明确任务

教师需要为学生设置具体的学习任务和明确的目标，以确保伙伴间的合作有方向和目的。教师应设计清晰具体的学习任务，使学生了解每次合作需要完成的具体内容和预期成果。具体的任务可以包括解决特定的数学问题、完成某个数学项目或进行一次数学实验等，这样可以帮助学生集中注意力，更好地投入学习过程中。教师应在每次任务开始前，向学生明确说明学习的目标是什么，例如理解某个数学概念、掌握某种解题方法或提高某方面的数学技能。这样的目标设定，不仅能帮助学生明确学习方向，还能激发他们的学习动机，使他们在合作过程中更有动力去完成任务。

明确的时间安排可以帮助学生更好地规划他们的学习过程，避免拖延和无效的时间浪费。在时间框架内完成任务，不仅能培养学生的时间管理能力，还能提高他们的效率和专注度。例如，教师可以规定在一周内完成一个数学问题集或在两天内进行一次讨论，并提交讨论结果。同时，教师在设置任务和目标时，应考虑到学生的能力和合作情况。任务难度应适中，既要具有挑战性，又不能让学生感到过于困难和挫败。教师可以根据学生的反馈和表现，适时调整任务的难度和目标，使之与学生的实际能力相匹配。这样的调整，可以帮助学生在不断挑战自我的过程中，逐步提升自己的数学能力。任务和目标的设置还应包含评价标准。明确的评价标准可以帮助学生了解完成任务的质量要求，并在合作过程中不断对照标准进行自我检查和调整。教师应在任务开始前，向学生说明评价的标准和方法，确保学生在合作过程中有清晰的质量意识。

3. 角色分配

通过分配明确的角色，如提问者、解答者、记录员等，教师能够确保每个学生在合作过程中都有明确的责任，从而提高合作的效率和效果。首先，提问者的角色非常关键。提问者负责在学习过程中提出问题，引导讨论，并激发伙伴们的思考。通过提问，提问者能够帮助其他学生发现问题的关键点，激活他们的思维，使他们更加深入地理解和解决问题。其次，解答者需要负责对提问者提出的问题进行解答，解释相关的数学概念和解题方法。解答者不仅要有扎实的数学基础，还要具备清晰的表达能力，能够将复杂的数学问题讲解得通俗易懂。解答者通过不断地讲解和解释，也能巩固和深化自己的知识。最后，记录员需要负责记录讨论的过程和结果，包括问题的提出、解答的步骤和最终的解决方案。通过详细记录，记录员不仅能够为小组提供一个清晰的讨论记录，还能在回顾和总结时提供重要的参考资料。这有助于学生在复习时回顾讨论的内容，从而更好地理解和记忆所学的知识。同时，教师在分配角色时应考虑学生的个性和能力，确保每个学生都能胜任自己的角色。性格外向、善于表达的学生可以担任提问者或解答者，而逻辑思维强、细心谨慎的学生可以担任记录员。通过这样的分配，教师可以充分发挥每个学生的优势，使合作过程更加高效和有序。

在角色分配的过程中，教师还应注意角色的轮换和公平性。为了让每个学生都能体验不同的角色，教师可以定期轮换角色，使每个学生都有机会担任提问者、解答者和记录员。这不仅能使学生在不同角色中获得全面的发展，还能增加合作的趣味性和新鲜感。教师在角色分配后应进行适当的培训和指导。每个角色的职责和要求需要向学生明确说明，并通过实际操作进行训练。教师可以在初期进行示范，帮助学生理解各个角色的具体操作和要求，确保他们在合作中能够胜任自己的角色。

二、有效数学小组合作学习

（一）数学小组合作学习的含义

数学小组合作学习指将学生分成若干小组，通过小组成员的共同努力解决问题并完成任务。目标是培养学生的团队合作能力和集体责任感。

(二)实施策略

1. 合理分组

教师需要根据学生的能力、兴趣和个性特点,合理分配小组成员,确保小组内的多样性和互补性。教师应通过平时的课堂表现、测试成绩和作业完成情况,掌握每个学生的数学能力。根据这些信息,教师可以将能力强的学生与能力稍弱的学生分在同一个小组,使他们能够互相帮助,共同进步。这样不仅能使能力较弱的学生获得更多的帮助,还能让能力较强的学生在帮助他人的过程中巩固自己的知识。学生对某一数学领域的兴趣能极大地影响他们的学习动力和参与度。因此,教师应通过与学生的交流和观察,了解他们的兴趣所在,并将有相同或相似兴趣的学生分在同一小组。

不同学生有不同的个性特点,有些学生外向、善于表达,而有些学生内向、善于思考。将性格互补的学生分在同一小组,可以使小组内的讨论更加丰富和全面。外向的学生可以负责发言和组织讨论,而内向的学生可以负责记录和分析问题。通过这样的互补性分组,教师可以充分发挥每个学生的特长,使小组合作更加高效和有序。合理分组还需要考虑学生的合作能力和相互间的关系。教师应避免将关系不和或有冲突的学生分在同一小组,以免影响小组合作的顺利进行。同时,教师可以通过前期的团队建设活动,增强学生之间的信任和合作意识,使他们在小组合作中更加和谐和默契。因此,教师应定期观察和评估小组的合作情况,根据学生的反馈和表现,及时进行调整和优化。这样,教师可以确保小组合作始终保持最佳状态,最大限度地发挥其教育效果。

2. 明确目标

在每次小组合作开始之前,教师应清晰地设定任务和目标,确保学生了解需要完成的内容和预期达成的目标。教师需要设计具体的任务,使学生清楚地知道他们的工作内容。例如,任务可以是解决一组数学问题、完成一个项目或进行一次实验。通过明确的任务设置,学生可以集中精力,有条不紊地进行合作。目标可以是理解某个数学概念、掌握特定的解题技巧或提高某方面的能力。教师在任务开始前，应向学生说明这些目标，以确保他们在合作中有明确的方向。例如，在进行几何图形的学习时，目标可以是掌握各种几何形状的性质和计算方法。通过这样的目标设定，学生可以在合作中更加专注和有目的地学习。

教师应提供明确的评价标准，使学生了解完成任务的质量要求。评价标准可以包括任务的完成情况、解题的准确性、合作的有效性等方面。通过向学生说明这些标准，教师可以帮助学生在合作过程中不断对照标准进行自我检查和调整，提高任务完成的质量。例如，在一个数学建模项目中，评价标准可以包括模型的准确性、数据分析的合理性和报告的清晰度。这样的评价标准，可以引导学生在合作中注重细节和整体的质量。同时，教师还应合理规划时间框架，确保学生在规定时间内完成任务。明确的时间安排可以帮助学生更好地管理他们的学习时间，避免拖延和低效的时间利用。教师可以在任务开始前，向学生说明任务的截止时间，并在合作过程中进行适当的时间提醒。例如，在进行一个统计分析任务时，教师可以设定一个一周的时间框架，并在中途检查学生的进展情况，确保他们按时完成任务。

3. 提供指导

教师应在小组合作过程中给予适当的指导和支持，以帮助学生克服困难，顺利完成任务。教师应在初期阶段进行详细的任务说明和步骤演示。通过示范，教师可以让学生明确任务的要求和完成的具体步骤，从而避免学生在开始阶段因不明确任务而浪费时间。通过观察小组的讨论和活动，教师可以及时发现学生在合作过程中遇到的困难和问题，并给予具体的指导和建议。如果学生在解答某个数学问题时遇到障碍，教师可以提供一些启发性的问题或引导性的提示，帮助学生理清思路，找到解决问题的方法。

在小组合作学习中，学生之间的互助与交流是非常重要的。教师可以引导学生提出自己的疑问，并鼓励其他成员帮助解答。这样的互动不仅能提高小组的整体学习效果，还能增强学生的合作意识和团队精神。教师可以设置一个

"帮助角",鼓励学生在遇到困难时向小组内的其他成员寻求帮助,并在解决问题后进行总结和分享。积极反馈和鼓励可以激发学生的学习动力和自信心,使他们在遇到困难时更加坚持和努力。教师可以通过表扬学生的进步和努力,增强他们的成就感和自信心。当学生成功解决一个复杂的问题时,教师可以给予表扬和肯定,并鼓励他们继续努力,迎接新的挑战。教师应在小组合作学习中保持开放的沟通渠道。通过与学生保持沟通,教师可以了解他们的学习情况和需求,并及时调整指导策略。教师可以定期与学生进行面谈或小组讨论,听取他们的反馈和建议,了解他们在学习过程中的困难和问题,并提供相应的支持和帮助。

4. 设置角色

通过在小组中分配不同的角色,如组长、记录员、发言人等,可以明确每个成员的职责,使整个合作过程更加有序和高效。组长负责协调小组内的活动,确保每个成员都参与进来,并且按计划推进任务。组长还需要监督时间管理,确保任务在规定时间内完成。这种职责分配有助于培养学生的领导能力和组织能力。记录员的主要任务是详细记录小组讨论的内容、决策过程和最终结果。这不仅能帮助小组在后续的复习中有据可循,还能使其他成员在讨论过程中更加专注于思考和表达,而不用担心遗漏重要信息。记录员的角色能够培养学生的书写能力和细致的工作态度。发言人的角色则是负责向全班或教师汇报小组的讨论结果和解决方案。发言人需要具备良好的表达能力和自信心,能够清晰、有条理地传达小组的观点和成果。这种角色设置不仅能提高学生的口头表达能力,还能锻炼他们在公众场合发言的自信和胆量。发言人通过不断练习,可以逐步提升自己的演讲技巧和临场反应能力。同时,其他角色如时间管理者、材料管理者等也可以根据具体任务的需求进行设置。时间管理者负责跟踪时间,提醒小组成员合理安排每个环节的时间,避免任务拖延。材料管理者则负责准备和管理小组需要的学习资料和工具,确保小组在合作过程中有充足的资源支持。这些角色的设置可以使小组内的分工更加细致和明确,提高整体的工作效率。

定期轮换角色可以让每个学生都有机会尝试不同的职责,从而全面发展他们的各项能力。例如,一名学生在某次任务中担任组长,在下一次任务中可以担任记录员或发言人。这样的轮换不仅能使学生获得多方面的锻炼,还能增加合作学习的趣味性和新鲜感。教师在角色设置过程中应给予适当的指导和培训。每个角色的具体职责和要求需要向学生明确说明,并通过实际操作进行培训。通过这样的培训和指导,学生可以更快适应角色分配,提高合作效率。

三、有效数学伙伴式教学与小组合作学习的融合

(一)融合定义

将数学伙伴式教学与小组合作学习结合起来,利用两者的优势,形成一种综合性的教学模式。

(二)实施策略

1. 分阶段合作

分阶段合作在数学教学中是一种有效的策略,可以先进行伙伴式学习,再进行小组合作,将不同伙伴间的讨论成果汇总并优化。伙伴式学习能够为学生提供一个相对安全和亲密的学习环境。学生在两人或三人的小范围内,可以更自由地表达自己的想法和疑问,从而进行深入的讨论和交流。在这个阶段,学生可以通过彼此的解释和辩论,进一步理解和巩固数学概念和解题方法。伙伴式学习的这种深入讨论,不仅能够帮助学生发现和解决自己在理解上的盲点,还能通过反复练习提升他们的数学技能。教师可以将若干伙伴组合成一个较大的学习小组,让他们汇总各自的讨论成果,并进行优化和整合。每个小组成员都可以分享自己在伙伴讨论中的收获和发现,并借鉴其他成员的思路和方法。这种合作不仅能拓宽学生的视野,使他们接触到更多元化的解题策略和观点,

还能通过集思广益，优化解决方案，提高问题解决的质量。

在伙伴式学习阶段，学生学会了如何在小范围内进行有效的沟通和合作，而在小组合作阶段，他们需要进一步提升自己的协作能力，学会在更大范围内协调和整合不同的意见和观点。通过这种逐步扩展的合作方式，学生不仅能够提高自己的数学能力，还能发展出更强的团队合作能力和领导能力。教师应关注学生的讨论过程，提供适当的引导和支持，帮助他们克服讨论中的困难和挑战。在小组合作阶段，教师需要进一步跟踪和评估学生的合作情况，确保每个小组都能有效地整合和优化讨论成果。通过持续观察和反馈，教师可以帮助学生在合作过程中不断改进和提升。分阶段合作的策略还能提高学生的学习动机和参与度。学生在小范围的伙伴讨论中能够获得较多的参与机会，并在小组合作中看到自己的贡献被认可和采纳，从而增强学习的成就感和自信心。这种积极的学习体验能够激发学生对数学学习的兴趣和热情，使他们在后续的学习中更加积极和主动。

2. 混合角色设置

通过同时设置伙伴角色和小组角色，可以确保每个学生都有明确的责任和任务。伙伴角色在合作学习中起到了基础性的作用。每个伙伴小组中的成员可以分担不同的职责，如提问者、解答者和记录员等。这些角色帮助学生在小范围内进行深入讨论和交流，使每个人都能够积极参与到学习过程中，从而促进个体的理解和知识掌握。通过将多个伙伴小组合并成一个更大的学习小组，可以设置组长、发言人、时间管理者等角色。这些小组角色有助于协调整个小组的活动，确保每个小组成员都能有效地贡献自己的力量。这种多层次的角色设置，不仅能使合作更加有序和高效，还能培养学生的领导能力和组织能力。

明确的角色分工，使每个学生在合作过程中都有具体的任务和职责，不仅能减少任务的重复和遗漏，还能使每个成员都感到自己的重要性和价值。例如，当学生担任记录员时，他们需要详细记录讨论内容，这不仅要求他们认真倾听，还需要他们具备良好的书写和整理能力。通过这样的责任分配，学生在完成各自任务的过程中，不仅能提高个人的能力，还能增强对团队合作的认识和理解。此外，混合角色设置有助于学生体验不同的合作方式和学习方法。通过在不同任务中轮换角色，学生可以全面发展各种能力。这样的轮换机制，不仅能使学生在不同角色中得到锻炼，还能增加学习的趣味性和挑战性，激发他们的学习兴趣和动力。

第四节 有效数学差异化教学与个性化辅导

一、有效数学差异化教学

（一）差异化教学的含义

差异化教学是指教师根据学生的不同能力、兴趣和学习风格，设计和实施不同的教学方法和内容，以满足每个学生的学习需求。目标是通过差异化的教学策略，帮助所有学生在他们各自的起点上取得最大进步。

（二）实施策略

1. 预评估与分组

教师在教学开始前，需要通过多种方式对学生的能力水平和学习风格进行全面的预评估。这些方法可以包括测验、问卷调查和课堂观察。教师可以设计一套综合性的测验，涵盖课程的主要内容和知识点，以了解学生在各个方面的知识掌握情况。通过测验结果，教师可以识别出学生的强项和弱项，了解他们的整体学习水平。通过问卷，教师可以收集学生对不同教学方法的偏好、学习习惯以及对某些数学主题的兴趣程度。这些信息能够帮助教师更好地设计个性化的教学内容和活动，使教学更有针对性和吸引力。

教师通过观察学生在课堂上的表现，如他们的参与度、合作能力和问题解决能力，可以获得关于学生学习风格和社交互动的第一手资料。课堂观察能够补充测验和问卷调查的不足，提供更为直观和具体反馈。例如，教师可以注意到某些学生在小组讨论中表现积极，而另一些学生则可能在独立完成任务时更加出色。通过这些观察，教师可以更准确地了解每个学生的学习特点。根据预评估的结果，教师可以将学生分组，使小组成员在能力水平和学习风格上实现互补。分组时，应确保每个小组内都有不同能力层次的学生，使他们在合作中能够互相帮助，共同进步。

2. 多样化教学方法

　　教师应根据不同学生的能力和需求，采用多种教学方法，以确保每个学生都能最大程度地理解和掌握学习内容。教师应采用更为详细的讲解，因为这些学生可能在基本概念和操作上存在困难，因此需要更多的时间和耐心来理解基础知识。教师也可以使用直观的教具、图表和实例，帮助这些学生逐步建立概念。例如，在讲解几何时，教师可以使用模型和图示，详细解释每一个步骤和概念，使学生能够清晰地理解。对于能力较强的学生，教师应提供更具挑战性的任务和问题。这些学生在基础知识上已经具备较强的理解和应用能力，因而需要更多的挑战来保持学习兴趣和动力。教师可以设计一些复杂的应用题、探究性问题或项目，让这些学生进行深度思考和探究。例如，教师可以引导他们研究某个数学定理的推导过程，或应用数学知识解决实际生活中的复杂问题。通过这样的挑战性任务，能力较强的学生能够进一步提升他们的分析能力和创新思维。

3. 灵活教学内容

　　教师可以为基础较弱的学生提供简化的教材和基本的练习题，确保他们能够牢固掌握核心概念和基本技能。这些学生可能需要更多重复练习和具体实例，以帮助他们理解和应用数学知识。通过简化和具体化的教学内容，教师可以帮助这些学生逐步建立自信和基础。教师应提供更深入和广泛的学习内容。这些学生已经掌握了基础知识，因而需要更多的挑战和拓展来保持学习兴趣。教师可以为他们准备高级教材和复杂的练习题，涉及更高层次的数学概念和应用。这些内容不仅可以满足他们的学习需求，还能激发他们的探究精神和创新思维。

教师还可以根据学生的兴趣和特长，定制个性化的学习内容。通过了解学生的兴趣领域，教师可以设计一些与其兴趣相关的数学问题和项目，使学习变得更加有趣和有意义。例如，对于对编程感兴趣的学生，可以设计一些涉及数学算法和逻辑的编程任务，使他们在学习数学的同时，也能提升编程技能。同时，教师在设计灵活的教学内容时，应注重多样性和互动性。通过使用多种教学资源，如视频、互动软件和实验工具，教师可以丰富教学内容，增强学生的学习体验。互动性强的教学资源可以吸引学生的注意力，激发他们的学习兴趣，使他们在参与中主动学习和探索。

二、有效数学的个性化辅导

（一）个性化辅导的含义

个性化辅导是指教师根据每个学生的具体情况，提供一对一或小组辅导，针对学生在学习过程中遇到的具体问题进行指导和帮助。目标是通过个性化的辅导，解决学生的个别问题，提升他们的学习效果。

（二）实施策略

1. 定期辅导

教师应设定固定的辅导时间，以便能够专门帮助学生解决在课堂上未能解决的问题。定期辅导可以提供一个专门的时间和空间，学生可以在这个时间段内专心提问和讨论自己在学习过程中遇到的难题。这种专门的时间安排不仅可以帮助学生及时解决学习上的困惑，还能增强他们的学习信心和动力。此外，教师在定期辅导中能够更加详细地了解每个学生的学习状况。通过一对一或小组辅导，教师可以深入分析学生在某些知识点上的薄弱环节，并给予针对性指导。这种个性化的关注和帮助，可以有效弥补课堂教学中的不足，确保每个学生都能在能力范围内取得进步。在定期辅导中，教师可以帮助学生巩固基础知识、纠正错误理解，并提供额外的练习和资源。

通过与学生的互动，教师可以了解哪些教学方法和内容对学生更有效，从而在今后的教学中做出相应的调整和改进。这种反馈机制不仅可以提高个性化辅导的效果，还能提升整体教学质量。学生在辅导过程中可以向教师表达自己的学习需求和意见，教师也可以根据学生的反馈，调整辅导内容和策略。这种双向的交流，有助于建立良好的师生关系，使学生在学习中感到被支持和理解，从而更加积极主动地投入到学习中。

2. 个性化学习计划

教师应根据每个学生的学习情况和需求，制定具体的学习计划，明确辅导的目标和内容。个性化学习计划能够针对学生的个人需求进行设计，使辅导具有高度的针对性和有效性。通过对学生的学习情况进行详细分析，教师可以识别出他们的薄弱环节和需要加强的领域，从而制定相应的学习目标和辅导内容。制定个性化学习计划可以帮助学生设定明确的学习目标，使他们在辅导过程中有明确的方向和动力。这些目标可以是短期的，例如掌握某个特定的数学概念或技能，也可以是长期的，例如在学期末达到某个学习水平或成绩。明确的学习目标能够激发学生的学习热情，使他们在辅导过程中更加积极和投入。

教师可以根据学生的学习需求，设计一系列的学习活动和练习，如定期测验、专题讲解、问题讨论和项目实践等。通过这些具体的辅导内容，学生有系统地进行学习和练习，逐步提高自己的知识水平和技能。随着学生学习情况的变化，教师应定期评估学习计划的实施效果，并根据评估结果进行调整。例如，当学生在某一方面取得显著进步时，教师可以适当增加学习计划的难度；当学生在某个知识点上遇到困难时，教师可以针对性地增加相应的辅导内容。通过这种灵活调整，个性化学习计划能够始终适应学生的学习需求，确保辅导的持续有效性。

3. 多样化辅导形式

教师应根据学生的实际需求和条件，灵活选择最合适的辅导方式，以确保每个学生都能获得有效的学习支持。面对面辅导是最传统也是最直接的辅导形式。通过面对面的交流，教师可以更直观地观察学生的反应和理解情况。这种形式适合需要深入解释和详细讲解的内容，如复杂的数学概念和解题步骤。通过视频会议、即时聊天和在线作业等工具，教师可以随时随地与学生进行互动和交流。在线辅导不仅突破了时间和空间的限制，还能够利用丰富的在线资源，如教学视频、互动练习和电子书籍，帮助学生更好地理解和掌握知识。对于那些在家学习或无法定期参加面对面辅导的学生，在线辅导是一个非常理想的选择。对于无法上网或不方便使用视频工具的学生，电话辅导可以提供及时的学习支持。通过电话交流，教师可以解答学生的疑问，指导他们完成作业，并提供学习建议。电话辅导尤其适合短时间内需要解决的具体问题，如作业中的某个难题或考试前的重点复习。教师还可以结合多种辅导形式，提供综合性的学习支持。可以将面对面辅导与在线辅导相结合，在课堂上进行深入讲解和讨论，课后通过在线平台提供额外的练习和辅导。这样，学生既能享受到面对面交流的优势，又能利用在线资源进行自我学习和巩固。多样化的辅导形式还可以根据学生的个性化需求进行调整。对于那些学习主动性较强的学生，教师可以更多地采用在线辅导和自主学习指导；对于那些需要更多支持和监督的学生，面对面辅导和电话辅导可能更加适合。通过灵活运用多种辅导形式，教师可以最大限度地满足学生的个性化需求，提高辅导的效果。

三、有效数学差异化教学与个性化辅导的融合

（一）融合定义

将差异化教学与个性化辅导相结合，既能满足学生的个体需求，又能提供

有针对性指导和帮助。

（二）实施策略

1. 差异化教学与个性化辅导相结合

差异化教学与个性化辅导相结合是一种全面提升学生学习效果的有效策略。教师在课堂教学中实施差异化教学策略，根据学生的不同需求和水平，提供不同的教学内容和方法。通过这样的差异化教学，教师可以确保每个学生在课堂上都能获得适合自己的学习体验和进步。此外，在课后安排个性化辅导时间，能够进一步巩固和扩展课堂教学的效果。教师可以利用课后辅导时间，针对学生在差异化教学中未能解决的问题进行一对一或小组辅导。例如，当某些学生在理解某个数学概念上仍有困难时，教师可以在个性化辅导中进行更详细解释和示范，帮助他们彻底理解和掌握相关知识。

教师在课堂教学中，通过观察和评估学生的表现，可以及时发现他们的学习问题和需求，并在课后辅导中进行针对性调整和改进。通过这样的循环反馈，教师可以不断优化教学方法和辅导策略，提高教学的整体效果。这种结合方式还能促进学生的自主学习和责任感。通过差异化教学，学生在课堂上可以根据自己的能力水平选择适合的学习任务和方法，增强自主学习的意识。而在课后个性化辅导中，学生可以积极提出自己的问题和需求，主动寻求教师的帮助和指导。

2. 综合评估与反馈

教师应通过定期的评估和反馈，了解学生在这两种教学模式中的进展和问题，从而及时调整教学和辅导策略。通过测验、作业评审、课堂观察等方式，教师可以获取学生在不同学习阶段的表现数据，识别出他们的优势和不足。通过阶段性测验，教师可以了解学生对所学知识的掌握程度，并根据评估结果进行相应的教学调整。教师应在评估后及时向学生提供具体的反馈，指出他们在学习中的优点和不足，并提出改进建议。这样的反馈不仅能帮助学生明确学习方向，还能激发他们的学习动力和积极性。

综合评估与反馈可以为教师提供宝贵的信息，帮助他们不断优化教学和辅导策略。通过分析学生的评估数据和反馈意见，教师可以识别出当前教学方法的有效性和不足之处，从而进行有针对性调整。如果评估结果显示大部分学生在某个知识点上存在困难，教师可以在接下来的教学中加强这一部分的讲解和练习，确保学生能够掌握关键内容。教师应鼓励学生参与评估和反馈过程，增强他们的自主学习意识。通过自评和互评，学生可以反思自己的学习过程，发现自身的优点和不足，并从同伴的反馈中获得新的思路和方法。教师可以组织学生定期进行学习总结和经验交流，促进他们在合作和分享中共同进步。不同学生有不同的学习风格和需求，教师应采用多种评估和反馈方式，以适应学生的个性化需求。可以结合纸笔测验、口头汇报、项目展示等多种形式，使评估和反馈更加全面和生动。通过多样化的评估和反馈，教师可以更准确地了解学生的学习情况，提供更加有效支持和指导。

第四章 "定制化"有效数学教学实践

第一节 "定制化"数学课程内容的有效重构

一、定制化数学课程的内涵

定制化数学课程是根据学生的个性化需求、学习能力、兴趣爱好等特点，量身定制的数学教育课程。其目的是通过有针对性的教学内容和方法，灵活调整教学进度和评价方式，以提高学生的学习积极性和效果，促进学生的全面发展。这种课程强调因材施教，注重个性化体验，旨在解决传统教学模式无法满足所有学生需求的不足，提升教学的有效性和学生的学习参与度。

二、定制化数学课程内容的有效重构方式

（一）基于学生需求的课程设计

可以通过多种途径来获取学生的需求信息，如调查问卷、个别访谈以及对学习数据的详细分析。这些手段能够帮助教育者深入了解学生的学习需求、兴趣爱好以及在学习过程中遇到的薄弱环节。调查问卷可以覆盖广泛的学生群体，快速收集大量数据，而访谈则能提供更深入和具体的反馈。此外，学习数据分析，特别是对学生平时作业、考试成绩和课堂表现的系统性研究，能够揭示出学生在学习过程中具体的困惑和困难。在明确学生需求之后，接下来需要结合

学校的教育目标，制定具体的教学目标和内容安排。教学目标的设定应当细化且明确，以确保每一个学生的个性化需求都能在课程设计中得到充分体现。对于在数学逻辑方面有较大兴趣的学生，可以设计更加复杂的逻辑推理题目，而对于对应用数学感兴趣的学生，则可以安排更多的实践项目和应用题。此外，教学内容的安排要注重科学性和系统性，确保知识点的覆盖和衔接，同时还要考虑到学生的认知水平和学习节奏。

为了保证课程设计的科学性和针对性，制定教学内容时需要遵循一定的原则。课程内容应具有层次性和递进性，能够从浅入深地引导学生逐步掌握数学知识和技能。课程设计要注重多样化，既要包括理论知识的讲解，又要涵盖实践能力的培养。此外，课程内容应当灵活可调，能够根据学生的反馈和学习进度进行及时调整和优化，确保每一位学生都能跟上教学节奏，获得良好的学习体验。为了更好地实施定制化数学课程，还需要建立有效的反馈机制。通过定期的评估和反馈，可以了解学生对课程内容的接受度和理解情况，及时发现和解决教学中的问题。通过阶段性测试、小组讨论和课后反馈等方式，收集学生的意见和建议，了解他们在学习过程中遇到的困难和挑战，并根据这些反馈，对课程内容和教学方法进行适当调整和改进。此外，教师还应当积极与学生沟通，了解他们的学习体验和感受，及时提供个性化的辅导和支持。

课程设计不仅仅是教学内容的安排，还包括对教学方法和评价方式的设计。基于学生需求的定制化课程应当采用灵活多样的教学方法，如分层教学、项目式学习和翻转课堂等，满足不同学生的学习需求和节奏。同时，评价方式也要多元化，既包括过程性评价，如平时作业和课堂表现的评价，也包括综合性评价，如项目成果和期末考试的评价，以全面反映学生的学习效果和综合素质。

（二）灵活多样的教学方法

通过对学生能力和学习进度的评估，可以将学生分成不同层次，每个层次的学生对应不同的教学内容和进度安排。这种分层教学方法确保了每个学生都能在适合自己的节奏下学习，不会因为课程难度过高或过低而失去学习兴趣和信心。例如，可以提供更具挑战性的题目和深入的知识讲解；而对于学习较为困难的学生，则应侧重基础知识的巩固和基本技能的训练。每个学生都能获得适合自己的学习体验。实际项目的设计和实施是培养学生数学应用能力和综合素质的有效途径。通过项目式学习，学生不仅能够将理论知识应用于实际问题，还能培养团队合作、问题解决和创新思维等综合能力。教师可以设计一些与日常生活或未来职业相关的项目，让学生在完成项目的过程中体验数学知识的实际应用价值。例如，设计一个统计调查项目，让学生收集和分析数据，制作报告，并进行展示和交流。这种学习方式不仅增加了学习的趣味性和实践性，还能激发学生的学习兴趣和主动性，使他们更深刻地理解和掌握数学知识。

  翻转课堂是一种有效的教学方法，可以促进学生的主动学习和深度理解。翻转课堂将部分知识的学习放在课前完成，通过教师提供的学习资源，如视频讲解、在线课程和阅读材料等，学生在课前进行自学。课堂上则主要进行讨论、答疑和实践活动，教师在课堂上指导学生完成实际问题的解决，巩固和深化所学知识。这种教学方法改变了传统的教学模式，将课堂时间更多地用于互动和实践，提高了学生的参与度和学习效果。教师可以提前布置一些基础知识的自学任务，课堂上则通过小组讨论和实际练习来解决难题和应用问题，帮助学生深入理解和灵活运用所学知识。为了进一步增强教学效果，教师还可以结合多种教学方法，灵活运用，形成互补。在同一课程中，可以采用分层教学、项目式学习和翻转课堂等多种方法，根据不同的教学内容和教学目标，选择最适合的教学方式。这种灵活多样的教学方法，不仅能够满足不同学生的学习需求，还能提升教学的趣味性和实效性，提高整体教学质量。

  利用智能教学平台和大数据分析技术，可以为学生提供个性化的学习资源和学习路径，实时监测学生的学习进度和效果。通过在线学习平台，教师可以为不同层次的学生提供定制化的学习材料和练习题，并根据学生的学习数据，动态调整教学内容和进度，确保每个学生都能获得适合自己的学习体验。教师的角色也需要相应转变，从传统的知识传授者转变为学习的引导者和支持者。教师应当更多地关注学生的学习过程，帮助学生解决学习中的困难和问题。培养他们的自主学习能力和综合素质，使他们在数学学习中获得更多的成就感和满足感。

（三）信息技术的有效应用

智能教学平台的使用可以提升个性化学习的效果。这些平台能够提供丰富的学习资源和灵活的学习路径，根据学生的个体需求和学习进度，推荐最适合的学习内容。通过智能平台，学生可以访问视频讲解、在线练习和互动模拟等多种资源，教师也可以根据学生的学习情况，确保每个学生都能在适合自己的节奏下进行学习。智能教学平台还可以记录和分析学生的学习数据，为教师提供全面反馈，帮助他们更好地了解学生的学习状况和需求。通过对学生学习行为和成绩的大数据分析，教育者可以精准定位学生在学习过程中遇到的问题。大数据分析可以揭示出学生在某些知识点上的薄弱环节、学习习惯中的不足以及整体学习效果的趋势。通过分析学生的作业和考试数据，教师可以发现哪些知识点是大多数学生的薄弱环节，从而在教学中给予更多关注和强化练习。这些信息对于教师调整教学策略、提供个性化辅导具有重要参考价值。

通过在线讨论区、实时互动课堂和虚拟学习社区等方式，学生可以随时随地与教师和同学进行交流和互动，分享学习经验和心得体会。这种互动不仅可以激发学生的学习兴趣和积极性，还能帮助他们在交流中更好地理解和掌握知识。教师可以在智能教学平台上设置讨论话题，鼓励学生参与讨论，提出问题并相互解答，这种方式可以增强学生的参与感和学习效果。通过在线教育平台，更多的学生能够接触到优质的教育资源，不再受到地域和时间的限制。偏远地区的学生可以通过互联网，享受到与城市学生同样优质的教学资源和教育服务。这样的教育公平性和普及性，对于提升整体教育水平具有重要意义。

信息技术的应用需要教师具备相应的技术素养和教学能力。为了充分发挥信息技术在教育中的作用,教师需要不断学习和掌握新的技术手段,并将其有效融入教学中。教师需要了解如何使用智能教学平台、如何进行大数据分析,以及如何设计和实施在线互动教学。这些技能的提升,可以帮助教师更好地利用信息技术。

(四) 多元化的评价方式

为了全面了解学生的学习效果和综合素质,采用多元化的评价方式至关重要。通过平时作业、课堂表现和小测验等多种形式,可以对学生的学习过程进行持续评价。这种持续性的评价能够及时发现学生在学习中的问题和不足,提供及时的反馈和指导。教师可以通过平时作业了解学生对知识点的掌握情况,通过课堂表现观察学生的学习态度和参与度,通过小测验检查学生对近期学习内容的理解和记忆。这样,教师可以根据学生的表现,确保每个学生都能跟上学习进度。结合学生的项目成果和实践活动进行评价,是全面评估学生学习效果的重要手段。项目式学习和实践活动能够培养学生的综合素质,包括团队合作能力、问题解决能力和创新思维等。因此,通过评价学生在这些活动中的表现,可以全面了解他们的实际应用能力和综合素质。

期末考试作为传统的评价方式,仍然在多元化评价体系中占据重要地位。期末考试能够全面检验学生对整个学期所学知识的掌握程度,是对学生学习效果的综合评价。然而,期末考试不应是唯一的评价方式,而应与平时的多种评价形式相结合,形成一个全面和系统的评价体系。期末考试可以侧重于知识点的综合性和应用性测试,而平时作业和小测验则可以侧重于知识点的阶段性和具体性检查。通过这种多层次、多角度的评价方式,可以更全面和客观地反映学生的学习效果。此外,多元化的评价方式还应包括对学生软技能和非学术能力的评价。学生的合作能力、沟通能力和创新能力等,都应在评价中有所体现。这些能力虽然在传统的考试中不易体现,但通过项目成果、实践活动和课堂表现等方式,可以较好地进行评价。

（五）教师的专业发展

通过这些培训和进修，教师可以了解最新的教育理论和教学方法，掌握新的技术手段，从而不断提升自身的教学水平。例如，可以邀请教育专家和经验丰富的教师开展讲座和工作坊，分享他们的教学经验和成功案例。此外，教师还可以参加各种教育研讨会和学术会议，与同行交流，学习先进的教育理念和教学实践。通过合作与交流，教师可以共同探讨教学中的问题，分享成功经验和教学资源。学校可以组织教师定期进行教学研讨会，让教师们在会上交流各自的教学心得和经验，讨论如何解决教学中遇到的困难和挑战。此外，教师还可以通过小组合作的方式，共同设计和实施教学项目，互相学习和借鉴，提升整体教学水平。在设计定制化课程时，数学教师可以与其他学科的教师合作，设计跨学科的项目，帮助学生将数学知识应用于实际问题。

通过这种社区，教师可以进行更加深入和持续交流和合作。可以通过线上平台，建立教师专业发展社区，让教师们随时随地分享教学资源、讨论教学问题、交流教学经验。此外，还可以组织教师参与一些专业的学习和实践项目，通过实践活动提升教学能力和专业素养。教师可以参与一些教育研究项目，通过研究和实践，不断改进和创新教学方法。为了更好地支持教师的专业发展，学校和教育机构还需要提供必要的资源和支持。为教师提供丰富的教学资源和学习材料，帮助他们了解最新的教育动态和教学方法。此外，还可以为教师提供一些专业的发展机会，如资助教师参加国内外的学术交流和培训活动，支持教师进行教育研究和教学改革等。学校还可以设立教师专业发展基金，资助教师参加各种培训和学术交流活动，支持教师进行教育研究和教学创新。

教师自身也需要不断提升自我，主动参与专业发展活动。教师可以通过自学和自主培训，不断提升自身的教育理念和教学技能。此外，教师还可以积极参与各种教育研究和实践活动，不断提高自己的教学水平。可以利用业余时间，阅读教育书籍和期刊，了解最新的教育理论和教学方法，提升自己的教育理念和教学技能。

第二节 "定制化"数学教学模块的有效设计

一、定制化数学教学模块的设计原则

(一)以学生为中心的设计原则

以学生为中心的设计原则是定制化数学教学模块的核心理念。要充分了解学生的学习水平。每个学生的数学基础和接受能力都有所不同,设计教学模块时必须考虑这些差异。通过前期的测试、问卷调查和课堂观察,可以有效地评估学生的学习水平,进而为每个学生量身定制合适的教学内容。这不仅能够帮助学生更好地理解数学概念,还能避免过于简单或过于复杂的内容挫伤他们的学习兴趣。在设计教学模块时,必须注重激发学生的学习兴趣。可以通过引入与学生日常生活相关的数学问题、应用实例和趣味性问题,让数学变得更加贴近生活、有趣和富有挑战性。这样不仅可以提高学生的学习积极性,还能帮助他们在解决实际问题中理解和掌握数学知识。

每个学生在学习过程中都会遇到不同的困难和问题。教学模块的设计应灵活多样,能够根据学生的个性化需求进行调整。对于一些基础较弱的学生,可以提供更多的基础练习和详细的讲解;而对于一些学习能力较强的学生,则可以设计更具挑战性的题目和拓展性内容,以满足他们的学习需求。定期与学生沟通,了解他们的学习反馈和建议,是确保教学模块有效性的关键。教师应通过课堂提问、课后辅导和家校沟通等多种方式,与学生保持密切联系,及时掌握他们的学习进展和需求变化。根据这些反馈,不断调整和优化教学模块,使之更加贴合学生的实际情况。

(二) 模块化设计原则

将数学知识点分解成独立的教学模块，可以使教学内容更加精细化和结构化。每一个模块集中讲解一个具体的数学概念或技能，这样不仅有助于学生对知识点的理解和掌握，还能使教学过程更加有条理。每个模块都可以独立存在，这为教师在教学过程中进行灵活调整提供了便利。由于每个模块是独立的，教师可以根据学生的学习进度和需求，灵活组合和调整模块内容。这种灵活组合的方式，有助于个性化教学的实现。

每个独立的教学模块可以配套相应的教学资源，如教材、课件、练习题和视频教程等。教师可以根据教学需要，随时调用相应的资源。此外，这些资源可以反复使用，不仅节约了教学资源，还提高了资源的利用效率。在模块化教学中，每个模块完成后都可以进行相应的测试和评估，及时了解学生对知识点的掌握情况。通过这些评估结果，教师可以及时调整教学策略，针对性地解决学生存在的问题。同时，学生也可以通过模块测试了解自己的学习进度和薄弱环节，从而进行有针对性复习和巩固。在同一个教学团队中，不同教师可以负责设计不同的教学模块，并将这些模块资源进行共享。这样不仅可以减轻教师的工作负担，还可以通过集体智慧提高教学模块的质量。教师之间的合作和资源共享，有助于形成良好的教学氛围，推动教学改革和创新。

二、定制化数学教学模块的具体设计步骤

(一) 需求分析

通过调查问卷的方式，可以广泛收集学生的学习需求和兴趣点。问卷设计应包括学生对数学科目的兴趣程度、当前遇到的学习困难、对未来学习的期望等问题。通过统计和分析问卷数据，教师可以全面了解学生的学习情况，从而为后续的教学设计提供有力的依据。通过定期的数学测试，可以客观反映学生

的知识掌握情况和学习效果。测试内容应涵盖各个知识点，通过分析测试结果，教师可以发现学生在学习过程中存在的共性问题和个性差异。

教师可以与学生进行一对一或小组访谈，直接倾听他们的学习经历和感受。在访谈过程中，教师不仅可以获取学生对数学学习的具体意见和建议，还可以了解他们的学习态度、心理状态和个人兴趣。通过访谈，教师能够更好地掌握学生的真实需求，为教学模块的设计提供更为细致的参考。家长可以提供学生在家庭学习环境中的表现和习惯，而其他任课教师则可以分享学生在其他学科的学习情况。通过多方面的信息收集，教师可以全面了解学生的学习需求，制定出更为精准和有效的教学方案。

了解学生在数学学习中的兴趣点，可以帮助教师设计出更具吸引力的教学内容。有些学生对数学应用特别感兴趣，那么教师可以在教学中加入更多实际应用的案例和项目。需求分析不是一成不变的过程，而是需要持续进行的动态评估。学生的学习需求和兴趣点可能会随着时间的推移和知识的增长而发生变化。因此，教师应定期进行需求分析，及时调整教学策略和模块设计，确保教学内容始终与学生的实际需求相匹配。

（二）模块内容选择

确定各教学模块的具体内容必须确保覆盖数学学科的核心知识点。数学学科内容广泛，从基础的算术到高级的微积分，每一个知识点都是相互关联、逐步深入的。因此，必须遵循知识的逻辑体系，确保每个模块的内容既独立完整，又能与其他模块有机结合。在选择模块内容时，需要考虑学生的学习层次和能力差异。不同的学生在数学学习中的起点和进度不同，有的学生可能已经掌握了某些基础知识，而另一些学生则可能需要更多的基础性练习。因此，教学模块的设计应具有层次性，从基础知识模块开始，逐步过渡到中级和高级模块。

数学不仅是抽象的理论，更是一门具有广泛应用价值的学科。应融入实际应用案例和问题解决任务，让学生在解决实际问题的过程中理解和掌握数学知识。例如，可以设计包含数学建模、数据分析和工程应用的模块，增强学生的应用能力和学习兴趣。了解学生对哪些数学问题和应用场景感兴趣，有助于设计出更具吸引力和挑战性的教学模块。许多学生对科技、工程和计算机科学感兴趣，那么可以设计一些与这些领域相关的数学模块，如编程中的数学、人工智能算法等，让学生在兴趣驱动下主动学习。

每个教学模块应有明确的教学目标和评估标准，确保教师能够有效实施教学，并及时评估学生的学习效果。教学目标应具体、可测量，评估标准应涵盖知识理解、技能应用和问题解决等多个维度，确保学生在各个方面得到全面提升。数学学科不断发展，新的研究成果和应用不断涌现。因此，教学模块的设计不能停留在传统知识点的传授上，还应引入最新的数学研究成果和前沿应用。

（三）教学资源整合

多媒体资源的利用可以极大地丰富教学内容和形式。通过多媒体课件、动画演示和视频教程等方式，教师可以帮助学生更直观地理解和掌握知识。例如，利用动画展示几何图形的变换过程，或通过视频讲解复杂的数学定理，不仅能提高课堂教学的生动性，还能增强学生的学习兴趣和注意力。互联网的普及使得丰富的线上数学课程资源触手可及。教师可以推荐学生使用优质的线上课程平台，通过在线学习巩固课堂知识，拓展学习内容。线上课程通常包含视频讲解、互动练习和讨论区等多种形式，有助于学生在课外自主学习，进一步提高数学能力。

虽然数学是一门理论性较强的学科，但通过实验和实践活动，可以增强学生的动手能力和应用能力。例如，利用数学实验室中的计算机软件进行数据分析、数值模拟和数学建模等实验活动，能够让学生在实际操作中加深对数学理论的理解。同时，实验室活动还可以培养学生的合作精神和团队意识，提高他们解决实际问题的能力。通过设立综合性数学项目，让学生利用多媒体资源、线上课程和实验室设备，进行深入的研究和探索。这样的综合性项目不仅能激发学生的学习兴趣，还能培养他们的综合素质和创新能力。

教师可以通过教学研讨会、学术交流和在线平台，分享和交流教学资源和经验。建立教学资源库，收录优质的课件、试题和教学视频，供教师们相互借鉴和参考。这样的资源共享机制，不仅能提高教学资源的利用效率，还能促进教师的专业发展和教学水平的提升。随着技术的发展和教育需求的变化，新的教学资源和手段不断涌现。教师应保持开放的心态，积极尝试和引入新的教学资源，如虚拟现实（VR）、增强现实（AR）和人工智能（AI）等技术，探索其在数学教学中的应用。

三、定制化数学教学模块的实施策略

（一）差异化教学

根据学生的学习进度和理解程度进行分层次教学，是差异化教学的核心理念。每个学生的学习能力和进度都有所不同，通过分层次教学，可以针对不同层次的学生提供适合他们的教学内容和方法。基础较弱的学生可以从基础知识入手，逐步提升；而学习能力较强的学生则可以接受更高难度的挑战，从而全面提升整个班级的学习效果。差异化教学需要教师在课堂上灵活调整教学内容和节奏。通过观察和评估学生的课堂表现和作业完成情况，教师可以及时了解学生的学习进展，并据此调整教学策略。当发现某些学生在某个知识点上存在困难时，教师可以适当放慢教学节奏，提供更多的讲解和练习机会；对于已经掌握该知识点的学生，则可以提供拓展性任务，进一步加深他们的理解。

每个学生在学习过程中都会遇到不同的问题和挑战，教师通过个别指导，可以有针对性地帮助学生解决这些问题。个别指导不仅可以在课堂上进行，还可以通过课后辅导、线上交流等多种方式进行。通过个别指导，教师可以更好地了解学生的学习情况和需求，提供更加个性化帮助和支持。教师可以利用多媒体课件、线上课程、习题集等多种资源，为不同层次的学生提供适合他们的学习材料。通过定期的测试和评估，可以及时了解学生的学习效果和进展。评估结果不仅可以帮助教师调整教学策略，还可以帮助学生了解自己的学习情况，发现自己的优势和不足。评估机制应包括多种形式，如课堂提问、作业评阅、阶段性测试等。差异化教学需要教师具备较高的专业素养和教学能力。教师需要不断提升自己的专业知识和教学技能，掌握多种教学方法和策略，才能有效实施差异化教学。通过参加教学培训、研讨会和学术交流，教师可以不断更新自己的教学理念和方法，从而更好地实施差异化教学。

（二）互动式学习

小组讨论作为互动式学习的一种主要形式，可以有效促进学生之间的交流与合作。学生可以分享自己的观点和见解，从而深化对知识的理解。教师在设计小组讨论题目时，应选择具有挑战性和开放性的问题，激发学生的思考和讨论热情。通过小组讨论，不仅可以提高学生的口头表达能力和团队合作能力，还能培养他们的批判性思维和创新能力。教师可以设计一些实际问题或情景，让学生在解决问题的过程中应用所学的知识和技能。这种教学方法不仅能够提高学生的实践能力，还能增强他们对知识的理解和记忆。在问题解决过程中，教师应引导学生自主思考和探索，鼓励他们提出自己的见解和方案，并通过讨论和交流，逐步找到最佳的解决方案。学生不仅能学会如何解决实际问题，还能培养他们的逻辑思维和分析能力。

通过设立综合性的项目，让学生在完成项目的过程中，综合运用多学科知识和技能。项目学习通常包含选题、资料收集、方案设计、实施和成果展示等多个环节，学生在完成项目的过程中，不仅能学到专业知识，还能培养他们的计划和组织能力。教师在设计项目时，应结合学生的兴趣和实际情况，选择具有实际应用价值的题目，激发学生的学习兴趣和积极性。在课堂上，教师应创造一个开放和民主的学习环境，鼓励学生主动参与和发表意见。通过设置有趣和具有挑战性的问题，引导学生进行讨论和思考。同时，教师应及时给予反馈和指导,帮助学生解决在学习过程中遇到的问题。通过教师的引导和支持,可以有效提高学生的参与度和学习效果。

教师可以利用多媒体课件、在线讨论平台、实验室设备等多种资源,提高互动效果。通过使用在线讨论平台,学生可以在课后继续讨论和交流,分享学习心得和体会;通过实验室活动,学生可以进行实际操作和实验,加深对理论知识的理解。丰富的教学资源,可以为互动式学习提供有力的支持,提升学生的学习体验。通过多种形式的评估,如课堂表现、项目成果、学生反馈等,可以全面了解学生的学习效果和参与情况。通过有效评估,可以促进互动式学习的持续改进和发展。

(三)持续反馈与调整

定期评估学生的学习效果是教学反馈的基础。通过测验、作业评阅和课堂提问等多种形式,教师可以全面了解学生对知识的掌握情况。这些评估不仅能反映学生的学习进度,还能揭示教学过程中存在的问题。通过对评估结果的分析,教师可以发现学生在理解和应用知识方面的不足,进而为后续的教学调整提供依据。不同学生在学习过程中会遇到不同的问题,教师应根据评估结果,有针对性地调整教学内容。对于某些普遍存在的知识点误解,教师可以在后续教学中加强解释和练习;对于已经掌握较好的内容,则可以适当简化或跳过,节省课堂时间,提高教学效率。教学方法的调整同样重要,教师可以根据学生的反馈,尝试不同的教学策略,如引入更多互动环节、增加实践活动等,以更好地适应学生的学习需求。

学生的反馈可以帮助教师更好地理解教学中存在的问题,从而进行针对性调整。例如,学生可能觉得某些教学内容过于难懂,或对某些教学方法不适应,教师可以根据这些反馈,调整教学内容的深度和广度,改进教学方法,提高课堂的吸引力和有效性。通过教学研讨会、教研组会议等形式,教师可以分享和讨论教学中的问题和经验。通过集体讨论研究,可以产生更多改进教学的灵感和方案。同时，教师之间的合作还可以实现教学资源的共享，如共享优秀的教学课件、习题和实验方案等，这些资源可进一步提升教学质量。

通过教育信息化手段，如在线学习平台、学习管理系统等，教师可以更方便地收集和分析学生的学习数据，及时获取反馈信息。通过在线学习平台的学习数据，教师可以分析学生的学习行为和成绩变化，发现哪些知识点存在普遍问题，进而调整教学内容和方法。教学评估和反馈不应是一次性的，而应是持续进行的。教师应定期进行评估和反馈，不断改进教学内容和方法，逐步优化教学过程。

第三节 "定制化"数学模块任务的有效管理

一、任务分配与管理

在任务分配与管理方面，需要根据学生的学习水平和需求，明确每个定制化数学模块的具体目标。教学目标的明确不仅可以为学生提供清晰的学习方向，还能帮助教师制定针对性教学计划。为了确保每个学生都有适合自己水平的学习任务，教师必须对学生进行全面的学习水平评估。通过测评工具、课堂观察和学生自我评估等多种方式，教师可以准确了解学生的知识掌握情况和学习需求，从而为每个学生量身定制学习任务。在任务分配过程中，应充分考虑学生的个体差异，避免"一刀切"的任务分配模式。针对不同学习水平的学生，可以设计多层次、多样化的学习任务。应注意任务的趣味性和实用性，以提高学生的学习兴趣和积极性。

任务分配后，教师需要及时跟踪和监控学生的学习进度。通过定期检查学生的任务完成情况，可以及时发现问题并进行调整。学生在完成任务过程中可能会遇到各种困难和挑战，这时教师的指导和帮助显得尤为重要。教师应保持与学生的良好沟通，了解他们的学习体验和反馈，根据实际情况调整任务难度和内容，确保任务具有挑战性，避免学生因任务过重而失去学习兴趣和信心。学生的学习水平和需求是不断变化的，固定不变的任务安排很难满足他们的学习需求。因此，教师应根据学生的学习反馈和进度，灵活调整任务的难度和内容。对于完成任务较快且效果良好的学生，可以适当增加任务的难度和深度，激发他们的学习潜力；对于完成任务较慢或遇到困难的学生，可以适当降低任务难度，提供更多的指导和帮助，确保他们能够顺利完成任务并获得成就感。

任务管理的最终目标是帮助学生在完成任务的过程中，不断提高自己的学习能力和数学素养。因此，教师不仅要关注学生的任务完成情况，还要关注他们在任务完成过程中所展现出的学习态度和方法。通过引导学生制定合理的学习计划和目标，培养他们的自我管理能力和学习习惯，可以提高任务管理的整体效果。同时，应鼓励学生积极参与任务管理过程，主动提出自己的需求和建议，增强他们的学习自主性和责任感。

二、任务进度跟踪与管理

在任务进度跟踪与管理中，建立科学的进度监控机制是至关重要的一环。首先，教师需要设计一个系统化的监控机制，用于实时跟踪学生任务的完成情况。这种机制可以采用多种形式，例如在线平台记录、定期测试、课堂观察等。通过这些方式，教师可以全面掌握学生的学习动态。有效的进度监控不仅能确保学生按时完成任务，还能为后续教学提供重要的数据支持。通过监控机制获取的结果，教师可以对学生的学习情况进行详细分析。根据这些数据，教师可以评估每个学生的任务完成情况、学习进度以及存在的困难。对于那些任务完成较好的学生，教师可以给予肯定和表扬，进一步激励他们保持良好的学习状态；对于任务完成较慢或存在困难的学生，教师需要及时给予帮助和指导。通过个别辅导、小组讨论等方式，教师可以帮助这些学生克服学习中的障碍，提高他们的任务完成效率。

反馈不仅仅是对任务完成情况的评价，更是对学生努力和进步的认可。教师可以通过书面评语、口头交流、在线留言等多种形式，向学生反馈他们的学习情况。及时反馈能够帮助学生了解自己的学习效果，发现不足之处，并根据教师的建议进行改进。同时，教师也可以通过反馈与学生进行沟通，了解他们的学习感受和需求，从而调整教学策略。根据监控结果和学生反馈，教师应灵活调整任务的内容和进度安排。

激励机制的设计应充分考虑学生的兴趣和需求，既要有物质奖励，也要有精神鼓励。教师可以通过设置奖励制度，对按时完成任务的学生给予小奖品或荣誉称号，以激发他们的学习积极性。此外，教师还可以通过举办学习竞赛、展示学生作品等活动，增加学生的成就感和荣誉感，进一步激励他们积极参与学习任务。合理的激励机制不仅能提高学生的学习积极性，还能增强他们的学习动力和自信心。在激励过程中，教师应注重公正和透明，确保每个学生都有机会获得激励。激励的方式应多样化，既要有短期的即时奖励，也要有长期的激励措施，以维持学生持续的学习兴趣和动力。通过科学的激励机制，教师可以引导学生形成良好的学习习惯和态度，为他们的学习成长提供有力支持。

三、任务评价与管理

评价标准的制定需要充分考虑学生的多样性和任务的复杂性。科学的评价标准应涵盖任务的各个方面，包括知识掌握情况、思维能力、实践应用能力等。为了确保评价结果的客观性，教师可以借鉴已有的评价体系，同时结合本校、本班的具体情况进行调整和完善。评价标准的公正性体现在对每个学生的公平对待，避免因主观因素导致的偏差。采用多元化的评价方法，包括自评、互评和教师评，可以从不同角度全面评估学生的学习效果。自评可以帮助学生反思自己的学习过程和成果。通过互评，学生可以从同伴的评价中获得新的视角和启示，促进他们之间的学习交流和合作。教师评则是对学生学习成果的专业评估，教师可以根据任务完成情况、学习态度、参与度等方面给予综合评价。多元化的评价方法不仅丰富了评价的维度，还能增强学生的自主性和参与感。

反馈的及时性可以帮助学生在第一时间了解自己的学习状况，发现问题并加以改进。教师可以通过书面评语、面对面交流、在线平台等多种形式，将评价结果传达给学生。反馈的内容应具体、明确，既要指出学生的不足之处，也要肯定他们的努力和进步。学生可以更加清晰地认识到自己的学习状况，从而制定更加合理的学习计划。评价不仅仅是对学生学习成果的评判，更是对他们学习过程的指导。通过评价，教师可以发现学生在学习中的薄弱环节，并提供针对性指导和帮助。对于表现优秀的学生，教师可以给予更多的挑战和指导，促进他们的进一步发展。

四、任务资源管理

在任务资源管理中，首先应根据学生的学习需求，优化教学资源的配置。每个学生的学习需求是多样的，这要求教师在设计教学资源时，能够考虑到各个层次和类型的需求。通过调研和反馈，教师可以收集学生对学习资源的具体需求和期望，从而制定合理的资源配置方案。这不仅包括教材和练习册，还包括视频讲解、互动课程、线上学习平台等多种形式的资源。优化资源配置的目的是确保每个学生都能获得所需的学习资源，帮助他们更好地理解和掌握所学内容。教师应充分利用信息化手段，提供线上线下结合的学习资源。信息技术的发展为教学资源的传播和利用提供了便利，通过建立在线学习平台，教师可以将各种教学资源进行整合和共享。学生可以根据自己的学习进度和需求，自主选择和使用这些资源。同时，线上资源可以与线下教学相结合，形成互补，共同促进学生的学习。

教学资源的时效性和实用性直接影响到学生的学习效果。为了确保资源的时效性，教师应不断关注最新的教学动态和学科发展，将最新的知识和方法引入教学资源中。同时，对于已有的资源，教师也应定期进行审查和更新，剔除过时或不再适用的内容。资源的维护工作同样重要，确保资源的正常使用和可访问性。教师可以为学生提供最优质的学习资源，帮助他们在学习过程中不断进步。在优化教学资源配置的过程中，教师应充分考虑资源的多样性和丰富性。不同的学生有不同的学习风格和兴趣点，单一的资源形式难以满足所有学生的需求。因此，教师应提供多种形式的资源，如文字教材、图像资料、视频讲解、互动软件等，满足不同学生的学习偏好。通过丰富的资源类型，学生可以选择最适合自己的学习方式。同时，教师应鼓励学生积极参与资源的开发和共享，共同构建丰富多彩的学习资源库。

通过信息化手段，教师可以实现资源的高效管理和传播。在线学习平台、教育 APP 等工具可以将各种资源进行整合，方便学生随时随地访问和使用。教师可以通过这些平台发布教学资源、布置作业、开展在线讨论等，形成线上线下相结合的教学模式。此外，信息化手段还可以实现资源使用情况的监控和分析，帮助教师了解学生的学习状况和资源利用效果，从而进行针对性调整和改进。教师可以组成资源管理团队，定期审查和更新教学资源。同时，应建立资源反馈机制，及时收集学生和教师对资源的使用意见和建议。可以不断优化和完善教学资源，确保其时效性和实用性。在维护方面，教师应定期检查资源的可访问性和使用情况，确保资源的正常运行和高效利用。通过科学的管理机制，教师可以为学生提供稳定、优质的学习资源支持。

五、任务支持与管理

教师需要获得系统培训和指导，以提高他们的专业水平和教学能力。通过定期的教研活动、培训课程和专业交流，教师可以不断更新自己的知识储备和教学方法，从而更好地指导学生。同时，学校应设立专门的教学支持团队，负责为教师提供及时的教学指导和帮助，解决他们在教学过程中遇到的问题。教师支持体系的建立不仅能提升教师的教学质量，还能增强他们的职业成就感和工作积极性。随着信息技术的发展，越来越多的学习平台和资源依赖于网络和技术设备。为了让学生在使用这些资源时不受技术问题的困扰，学校应建立完善的技术支持体系。技术支持团队应包括网络维护人员、软件工程师和技术顾问等，他们负责确保学习平台的正常运行，解决学生在使用过程中遇到的技术问题。此外，学校应为学生提供必要的技术培训，帮助他们熟悉和掌握学习平台的使用方法。

学习压力和困难常常会影响学生的心理健康，进而影响他们的学习效果。为此，学校应建立完善的心理支持体系，关注学生的心理健康状况。心理支持体系可以包括心理咨询师、班主任和心理健康教育课程等，帮助学生及时疏导压力和情绪。心理咨询师可以通过个别咨询和团体辅导，帮助学生解决心理困扰；班主任可以通过日常观察和沟通，及时了解学生的心理状态，并给予关怀和支持；心理健康教育课程则可以帮助学生学习心理调适的方法，提高心理素质。为了有效地提供任务支持与管理，学校应建立一个综合性的支持平台。这个平台应包括教学资源库、技术支持中心和心理支持中心等模块，为学生提供一站式的支持服务。在这个平台上，学生可以随时获取所需的教学资源，寻求技术帮助和心理支持。通过这种综合性的支持平台，学校可以提高资源利用效率，简化支持流程，确保学生在学习过程中能够获得全方位的支持。

教师不仅要教授学科知识，还要指导学生的学习方法和策略。通过个别辅导、小组讨论和课堂讲解等多种形式，教师可以帮助学生克服学习中的困难，掌握有效的学习方法。教师还应关注学生的学习态度和习惯，帮助他们养成良好的学习习惯，增强学习的自主性和积极性。此外，教师应与家长保持密切沟通，共同关注学生的学习和成长，形成家校合力，共同促进学生的发展。为了提供高效的技术支持，学校应定期对技术设备进行维护和更新，确保其正常运行。同时，学校应建立快速响应机制，及时解决学生在使用学习平台时遇到的技术问题。技术支持团队应与教学团队紧密合作，共同优化学习平台和资源，提升学生的使用体验。通过这种协作，技术支持可以更好地服务于教学，促进学生的学习。

为了提供有效的心理支持，学校应开展丰富多彩的心理健康教育活动，帮助学生树立积极的心理健康观念。通过心理讲座、心理健康日等活动，学校可以提高学生的心理健康意识，增强他们的心理调适能力。通过多层次、多渠道的心理支持，学校可以帮助学生保持良好的心理状态。同时，学校应建立学生心理档案，定期进行心理健康评估，及时发现和干预心理问题。

第四节 "定制化"项目任务学习的效度检验

一、设定清晰的评估目标

根据每个定制化项目任务的具体目标，设定清晰的评估标准，确保评估内容与任务目标一致。制定详细的评价指标，包括知识掌握情况、技能应用能力、创新思维等多个方面，确保评估的全面性。根据项目任务的进度，设定合理的评估周期，及时检测学生的学习效果和进展情况。

二、采用多元化的评估方法

利用测试、项目报告、演示、实践操作等多种评估工具，全面评估学生的学习效果。通过日常观察、课堂互动、作业检查等方式，评估学生在任务完成过程中的表现和进步情况。在项目任务结束时，通过综合评估报告、成果展示等方式，对学生的整体学习效果进行总结性评价。

三、确保评估的公平和公正

建立标准化的评估流程，确保每个学生都能在相同的评估标准下进行评估，避免主观偏差。将评估标准和评分细则公开，让学生了解评估的依据和过程，增强评估的透明度和公正性。邀请多名教师共同参与评估，从不同角度对学生的表现进行综合评价，确保评估结果的公正性。

四、评估结果的反馈与应用

在评估结束后，及时将评估结果反馈给学生，帮助他们了解自己的学习情况和不足之处。根据评估结果，为学生提供具体的改进建议，帮助他们制订下一步的学习计划和目标。通过评估结果的反馈，激励学生不断进步，同时引导他们发现自身潜力，增强学习动力。

五、评估机制的持续改进

定期对评估数据进行分析，总结评估过程中的经验和问题，为后续评估提供参考和改进依据。建立学生反馈机制，收集学生对评估方法和过程的意见和建议。不断探索和尝试新的评估方法和工具，结合现代教育技术，提升评估的科学性和有效性。

第五章　有效数学课堂管理与组织

第一节　有效数学课堂环境的营造

一、有效数学课堂的空间布置

有效的数学课堂环境需要精心的空间布置，开放式的教室布局在其中起着至关重要的作用。开放式布局不仅能促进学生之间的互动，还能增强合作学习的效果。学生们可以通过小组讨论和项目合作来深化他们对数学概念的理解和实际应用能力。在数学课堂中，灵活多样的教室布局可以极大地提高教学效果。一个开放的空间让学生可以自由移动，便于与同学交流。这种自由的互动环境鼓励学生提出问题，分享他们的思考过程，从而在互相启发中获得更深的数学理解。通过这种互动，学生不仅能更好地掌握知识，还能培养合作精神和团队意识。

讨论区、实践区和自学区等不同功能区域能够满足各种教学活动的需求。在讨论区，学生可以围绕数学问题展开讨论，通过交流不同的解题思路，激发创新思维。而实践区则可以设立实验设备和实践工具，让学生通过动手操作来验证数学理论，提高动手能力和实践技能。自学区则提供了一个安静的环境，适合学生进行独立思考和课后复习。在教室内设置数学角，展示各种数学工具和模型，如几何图形、函数曲线等，可以直观地帮助学生理解抽象的数学概念。书籍角则可以摆放各种数学读物和参考资料，供学生在课余时间阅读和学习。

这些资源不仅可以丰富学生的课外知识，还能激发他们对数学的兴趣和探索欲望。

为了进一步提高课堂效率，教室的空间布置还应考虑到学生的个性化需求和不同的学习风格。比如，有些学生可能更喜欢安静的环境，适合在自学区进行独立学习；而另一些学生则可能更擅长通过互动和讨论来学习，他们在讨论区会有更好的表现。因此，在教室布局时，应尽可能多样化，提供多种选择，满足不同学生的需求。教师应能方便地在教室内移动，与每一个学生互动，及时解答他们的问题。一个合理的教师活动区域设计可以帮助教师更好地管理课堂。此外，在教室布置中，应预留足够的空间用于展示学生的作品和学习成果，这不仅能增强学生的成就感，还能营造一种积极向上的学习氛围。

对于数学课堂来说，一个良好的空间布置不仅是物理空间的安排，更是教学理念和教学方法的体现。在设计教室布局时，教师应综合考虑学生的学习需求和教学活动的特点，通过合理的空间安排，营造一个有利于学生学习和发展的环境。开放式布局、多功能区域以及丰富的数学资源展示都是有效的空间布置策略，可以显著提升数学课堂的教学效果。教师应根据教学实践中的反馈和经验，不断调整和完善教室布局，探索更有效的空间利用方式。可以定期与学生讨论教室布置的改进建议，了解他们的实际需求和想法，形成师生共同参与的布置优化机制。通过这种动态调整和不断优化，数学课堂的空间布置将越来越符合教学需求，真正成为学生学习和成长的理想环境。

二、有效数学课堂的文化氛围

通过设立数学角和数学名人墙，可以在无形中激发学生的学习热情和对数学的兴趣。数学角可以展示各种有趣的数学题目、数学谜题和数学游戏，让学生在课余时间也能接触到数学的魅力。而数学名人墙则通过介绍历史上的数学家及其贡献，让学生了解数学的发展历程，树立学习榜样。这些措施不仅能使数学课堂更具吸引力，还能在潜移默化中培养学生对数学的热爱。教师应鼓励学生积极提出问题。这种做法不仅有助于提高学生的参与度，还能激发他们的好奇心和求知欲。通过不断提问，学生能够深入思考数学问题的本质，发现自己在理解上的不足，从而在思考和解决问题的过程中逐步提高自己的数学水平。同时，教师应鼓励学生尝试不同的解决方法，让他们明白问题往往不止有一种答案。这样可以培养学生的创新思维，帮助他们在面对复杂问题时能够从多个角度进行思考。

教师还应在课堂上创造一种轻松、和谐的学习氛围，让学生感到轻松和愉快。在这种氛围中，学生更愿意表达自己的观点，尝试新的思路，甚至敢于犯错。教师可以通过适当的赞扬和鼓励，增强学生的自信心，让他们敢于面对挑战，克服困难。在这样的课堂文化中，学生不仅能学到知识，还能培养积极向上的学习态度和探索精神。为了营造良好的数学课堂文化氛围，教师还可以组织各种课外活动，如数学竞赛、数学讲座和数学社团活动。这些活动不仅能丰富学生的课余生活，还能使他们在轻松愉快的氛围中学习数学，提高他们的综合素质。通过参加这些活动，学生可以结识志同道合的朋友，分享学习经验，共同探讨数学问题，从而在互相学习中共同进步。教师不仅是知识的传授者，更是学生学习和成长的引导者。通过言传身教，教师可以影响学生的学习态度和学习方法，帮助他们形成良好的学习习惯。教师应以积极的态度对待每一个学生，尊重他们的个体差异，关注他们的成长和进步。只有在师生之间建立起良好的互动关系，才能真正营造出一种积极向上的课堂文化氛围。

三、有效数学课堂的教学策略

根据学生的不同学习风格和能力，采用讲授法、探究法、合作学习等多种方法，可以显著提升课堂的有效性。讲授法作为一种传统的教学方法，适用于传授基础知识和理论概念。通过清晰、有条理地讲解，教师可以帮助学生建立对数学基本概念的初步理解，打下坚实的知识基础。然而，单一的讲授法往往难以满足所有学生的学习需求，因此，教师需要结合其他教学方法，使课堂更加生动有趣。通过设置开放性问题和探究活动，教师可以激发学生的好奇心和求知欲，培养他们的探究精神和问题解决能力。例如，在讲解几何知识时，教师可以让学生自己动手进行图形绘制和推理，探究各种几何性质和定理。这种教学方法不仅能提高学生的参与度，还能使他们在动手操作和思考中加深对知识的理解。学生既是知识的接受者，也是知识的传播者和应用者。这种互动式的学习方式，不仅能提高学生的沟通能力和团队合作精神，还能在互相交流中激发新的思维火花，促进创新思维的发展。

将实际生活中的数学问题和情景引入课堂，是增强学生学习兴趣和应用能力的重要手段。通过设置与实际生活相关的数学问题，教师可以帮助学生将抽象的数学概念与具体的现实情境联系起来，使他们认识到数学在日常生活中的重要性和实用性。例如，在讲解比例和百分比时，教师可以结合购物折扣、利息计算等实际问题，让学生在解决这些实际问题的过程中掌握数学知识。教师可以及时了解他们的学习情况，发现他们在学习过程中遇到的困难和问题。即时反馈有助于教师根据学生的实际情况，确保每个学生都能跟上教学进度。例如，在讲解一个新的数学概念时，教师可以通过提问、讨论等方式，了解学生的理解情况，并根据反馈调整讲解的深度和速度。这种互动式的教学方式，不仅能提高学生的参与度，还能帮助教师及时发现和解决教学中的问题，提升整体教学效果。

为了更好地实施这些教学策略，教师需要不断进行教学反思和自我提升。通过总结教学经验，分析学生的学习效果，教师可以不断改进和优化教学方法，提高课堂教学的质量。此外，教师还可以通过参加专业培训、交流学习等方式，了解和掌握最新的教学理论和实践，不断提升自己的教学水平和能力。

四、有效数学课堂的技术支持

电子白板、投影仪、数学软件等现代信息技术的应用，可以丰富教师的教学手段。电子白板不仅可以展示教材内容，还可以进行实时标注和互动操作，使得抽象的数学概念变得直观易懂；投影仪则能够放大显示教学内容，方便学生观看和理解复杂的数学图形和公式。这些技术工具的使用，不仅提升了课堂教学的效果，还激发了学生的学习兴趣和积极性。通过建立数学题库、上传教学视频等方式，教师可以为学生提供大量的课外学习资源，帮助他们进行课后复习和自主学习。数学题库可以包含各类习题和练习题，供学生在课后进行巩固和练习。教学视频则可以详细讲解课堂上未能完全理解的知识点，帮助学生在课后进一步消化和吸收。这些在线资源不仅为学生提供了丰富的学习材料，还增强了他们的自主学习能力。数学软件的使用也应有选择性，根据教学内容和学生需求灵活应用。可以使用几何画板等数学软件，帮助学生直观理解几何图形的性质和定理。而在讲解代数知识时，则可以利用数学计算软件，帮助学生进行复杂的运算和验证。

五、有效数学课堂的管理

明确的课堂规则可以帮助学生养成良好的学习习惯，确保教学活动有序进行。例如，可以规定学生上课时必须专心听讲，不随意讲话或做其他与课堂无关的事情；在回答问题或发表意见时，要尊重他人，遵守发言顺序等。这些规则不仅有助于保持课堂的安静和秩序，还能培养学生的纪律意识和集体观念。在制定规则时，教师应与学生进行讨论，使他们了解规则的重要性和必要性，并通过实际行动贯彻执行。在有效管理数学课堂的过程中，教师需要关注每个学生的个体差异，并提供个性化的帮助和指导。每个学生都有自己的学习特点和需求，教师应根据他们的不同情况，采用灵活多样的教学方法。这种个性化的教学方式，不仅能满足不同学生的学习需求，还能促进他们的全面发展。

通过反思和评估，教师可以了解自己的教学效果，发现教学中的不足之处，并及时进行改进。教师可以定期进行课堂观察，记录学生的学习状态和反应；通过学生问卷或座谈会，收集学生对课堂教学的反馈意见。这些信息可以帮助教师更好地了解学生的需求和期望，并根据反馈调整教学策略，优化课堂管理和教学方法。此外，教师还可以与同事进行教学交流和合作，共同探讨解决教学问题的方法。学生是课堂教学的直接受益者，他们的意见和建议对于提高教学质量具有重要参考价值。教师可以通过多种方式收集学生反馈，如课堂讨论、问卷调查、个别谈话等。通过这些途径，教师可以了解学生对课堂内容、教学方法和管理方式的看法，发现潜在的问题和改进的方向。在听取反馈后，教师应积极回应学生的建议，采取相应的改进措施，并及时向学生反馈改进情况。这种良性互动不仅能增强学生的参与感和责任感，还能促进课堂教学的持续改进和提升。

为了更好地管理数学课堂，教师还应不断学习和提升自己的管理能力。通过参加专业培训、阅读相关书籍和研究文献，教师可以了解最新的教育理论和实践方法，掌握科学的课堂管理技巧。可以学习如何有效地进行时间管理、如何处理课堂突发事件、如何营造积极的学习氛围等。这些知识和技能不仅能提高教师的管理水平，还能增强他们的自信心和职业素养，从而更好地服务于学生的学习和成长。

第二节　有效数学课堂秩序的维护

一、制定明确的课堂规则

有效的数学课堂秩序始于明确的课堂规则。教师应在学期初始与学生共同制定一套清晰的课堂规则，包括课堂行为规范、发言顺序、合作学习要求等。这些规则需要简明扼要，易于学生理解和遵守。通过学生的参与制定规则，可以增强他们的责任感和规则意识。

二、建立积极的课堂文化

积极的课堂文化有助于维护良好的课堂秩序。教师应营造一个尊重、包容、互助的学习环境，鼓励学生积极参与课堂活动。教师可以通过表扬和奖励的方式，激励学生的积极行为；通过小组合作和讨论，培养学生的团队精神和合作能力。此外，教师应以身作则，展示良好的行为规范，为学生树立榜样。

三、有效的时间管理

良好的时间管理是维护课堂秩序的重要手段。教师应合理安排课堂时间，确保每个教学环节有序进行。例如，可以在课程开始时简要介绍当天的教学计划和目标，设置明确的时间节点，如讲解时间、讨论时间和练习时间等。严格遵守时间安排，教师可以避免课堂的混乱和拖延。

四、利用教学技术

现代教学技术在维护课堂秩序中起着重要作用。教师可以使用电子白板、投影仪等设备，展示教学内容；利用在线测验、课堂投票等互动工具。此外，教师还可以通过学习管理系统，监控学生的学习进度和行为表现。

五、实施分组和个性化教学

分组和个性化教学有助于维护课堂秩序。教师可以根据学生的能力和兴趣，将他们分成不同的小组，进行分层教学和个性化指导。例如，可以将学习能力较强的学生与较弱的学生搭配在一起，进行互助学习；对于有特殊需求的学生，可以提供个别辅导和支持。

六、及时处理课堂突发事件

在课堂管理中，及时处理突发事件至关重要。当学生出现违纪行为或课堂秩序受到干扰时，教师应迅速而果断地采取措施。可以通过口头提醒或警告，让学生意识到自己的行为不当；对于严重的违纪行为，可以采取相应的纪律措施，如请学生离开教室、通知家长等。此外，教师应善于识别学生行为背后的原因，采取适当的干预措施，帮助学生改正行为。

七、定期进行课堂评估和反馈

定期进行课堂评估和反馈，有助于教师了解课堂秩序的维护效果，并不断改进管理策略。教师可以通过问卷调查、学生座谈会等方式，收集学生对课堂管理的意见和建议；通过自我反思和评估，分析课堂管理中的问题和不足。教师可以调整和优化管理策略，提升课堂管理的效果。

八、培养学生的自律能力

培养学生的自律能力，是维护课堂秩序的长远之计。教师应通过多种方式，帮助学生树立自律意识，养成良好的行为习惯。可以通过行为榜样、课堂讨论、角色扮演等活动，让学生认识到自律的重要性和益处；通过设立奖惩机制，激励学生自觉遵守课堂规则。通过长期的培养，学生将逐渐形成自律意识，自觉维护课堂秩序。

第三节 有效数学课堂活动的组织与实施

一、有效数学课堂活动的组织

（一）设计多样化的教学活动

有效的数学课堂活动需要多样化设计，以满足不同学生的学习需求和兴趣。教师可以结合讲授、讨论、实践操作、探究学习等多种教学形式，设计丰富多彩的课堂活动。通过小组讨论的形式，让学生互相分享解题思路；通过实践操作，让学生动手验证数学定理和概念；通过探究学习，让学生在解决实际问题中体会数学的应用价值。这些多样化的活动有助于激发学生的学习兴趣，提高课堂参与度。

（二）设置明确的活动目标

每一个课堂活动都应有明确的教学目标，以确保活动的有效性。例如，在设计一个数学实验时，教师应明确实验的目的和预期结果；在组织小组讨论时，教师应明确讨论的主题和要解决的问题。这些明确的目标可以帮助学生集中注意力，明确学习方向，提高活动的效率和效果。

（三）合理安排活动时间

时间管理是组织有效课堂活动的关键。教师应合理安排每个活动的时间，确保活动有序进行。可以在课程开始时预留几分钟时间介绍当天的活动安排和目标；在活动进行过程中，设定明确的时间节点，如讨论时间、操作时间、总结时间等。通过合理的时间安排，可以避免活动的混乱和拖延。

（四）提供必要的资源和工具

有效的课堂活动需要相应的资源和工具支持。教师应根据活动的具体要求，提供必要的教学资源和工具。在进行数学实验时，提供实验器材和操作指南；在进行小组讨论时，提供讨论提纲和参考资料；在进行探究学习时，提供相关的信息和数据。这些资源和工具可以帮助学生更好地参与活动。

（五）激发学生的参与热情

激发学生的参与热情是组织有效课堂活动的关键。教师可以通过设置有趣的活动情境，提出有挑战性的问题，给予适当的奖励和表扬等方式，激发学生的参与热情。通过设立数学竞赛，激发学生的竞争意识；通过设置真实的生活情境，让学生解决实际问题；通过给予表现突出的学生奖励和表扬，激励其他学生积极参与。这些措施可以增强学生的学习动力,提高活动的参与度。

(六) 促进学生的合作学习

合作学习是组织有效课堂活动的重要策略。例如,可以将学生分成小组,让他们在解决复杂问题时分工合作;让学生互相讨论和交流;在进行实践操作时,让学生共同完成任务。这些合作学习的活动不仅能提高学生的学习效果,还能培养他们的团队合作精神和沟通能力。

(七) 实施有效的活动管理

有效的活动管理是确保课堂活动顺利进行的重要保障。教师应在活动前制定详细的活动计划和管理措施,如活动的组织形式、具体步骤、注意事项等;及时观察和调整活动的进展,解决出现的问题;在活动结束后,总结和评估活动的效果,收集学生的反馈意见。教师可以担任观察员,及时引导和协调讨论的方向;教师可以巡视指导,解决学生遇到的困难。这些管理措施可以确保活动有序进行,提高活动的有效性。

(八) 结合学生的个性化需求

结合学生的个性化需求是组织有效课堂活动的关键。教师应根据学生的不同学习风格和能力,设计和组织适合他们的活动。对于有特殊兴趣的学生,可以设计与他们兴趣相关的活动。这些个性化的活动可以帮助学生更好地参与学习,提高他们的学习效果。

二、有效数学课堂活动的实施

(一) 培养批判性思维和解决问题的能力

1. 引导分析与推理

通过深入分析问题的本质,学生不仅能够掌握数学概念,还能提升解决复杂问题的能力。教师应鼓励学生主动探索不同的解题方法，并对这些方法进行比较和评估。学生可以认识到每种方法的优缺点，从而选择最适合的解题方案。这种分析过程有助于培养学生的批判性思维，使他们能够在面对新问题时灵活的运用策略。

教师应采用实际案例来展示不同解法的应用效果。通过实例的讲解，学生能够直观地感受到各种解法的实际效果，并在实践中加深对不同方法的理解。教师还可以设置开放性问题，鼓励学生提出创新的解题思路，并与其他同学分享。这种互动式学习不仅激发了学生的创造力，还帮助他们在实践中检验和完善自己的解题策略。学生在选择解法时，需要对每个步骤进行严密的逻辑推理，以确保得到正确的结果。教师可以引导学生在解题时提出"为什么这样做"以及"如果换一种方法会有什么不同"的问题，从而帮助他们深入理解每一步的逻辑依据。这种推理训练不仅提高了学生的数学能力，还培养了他们解决实际问题时的严谨态度。

2. 鼓励探究

通过设计开放性问题，教师可以为学生提供探索数学概念和问题的机会，从而促进他们在解决实际问题中不断探索和发现。与传统的封闭性问题不同，开放性问题没有唯一的正确答案，要求学生在思考和研究的过程中发挥创造力和批判性思维。这种类型的问题鼓励学生从不同的角度进行分析，并从中选出最合适的一种。设计探究活动能够有效提升学生的学习兴趣和参与度。教师可以通过设置具有挑战性的任务，促使学生主动思考并寻找解决问题的方法。例如，可以让学生在实际问题中应用数学原理，探讨如何利用数学模型解决生活中的实际问题。这种探究活动不仅能让学生体验到知识的实际应用，还能激发他们对数学学习的热情和探索欲望。

在面对开放性问题时，学生需要自主寻找信息、设计实验、分析结果，并对自己的结论进行验证。这一过程要求学生具备较强的自主学习能力和解决问题的能力。教师应鼓励学生在探究过程中记录他们的思考过程，并与同伴分享他们的发现和结论。这种互动不仅能够帮助学生更好地理解问题，还能够通过与他人的讨论获取更多的见解和思路。虽然开放性问题鼓励学生自主探索，但教师仍需在关键时刻给予必要的帮助和引导。这包括提供适当的资源、引导学生提出合理的问题以及帮助他们克服探究过程中的困难。教师不仅能够确保学生在探究过程中获得有效学习支持，还能帮助他们在解决问题的过程中建立信心和能力。

（二）创造积极的学习氛围

1. 激励措施

通过设置奖励和表扬机制，教师能够有效鼓励学生参与课堂活动和讨论，从而增强他们的学习动力。奖励不仅可以是物质上的激励，比如小礼品、奖状等，也可以是精神上的激励，如公开表扬、特定的荣誉称号等。这些激励措施能够在学生心中树立起正向的学习目标，促使他们更加积极地投入到课堂活动中。教师应关注每个学生的表现，及时给予正面的反馈。无论是对学生的积极参与，还是对他们提出的有见地的问题，教师的表扬都能够让学生感受到自己的努力被认可，从而激发他们进一步参与课堂活动的积极性。这样的表扬不仅能增强学生的自信心，还能帮助他们在学习过程中保持积极的心态。

2. 建立支持性环境

在课堂上，教师应积极营造一个尊重学生意见和思考的氛围，让每位学生都感到自己的声音被听到并受到重视。这种环境能够促进学生的积极参与和自主学习，使他们在课堂中能够自由表达自己的观点，分享自己的想法，并与他人进行深入的讨论。教师应鼓励学生积极表达自己的想法，无论这些想法是否与主流观点一致。通过对每位学生的意见给予重视和尊重，这样能够增强他们的自信心和参与感。此举不仅有助于学生思维的多元化发展，还能够激发他们对课堂内容的深入思考，从而提高整体的学习效果。

在这个环境中，学生的不同性格、能力和观点都应该受到尊重和接纳。教师应避免在课堂上表现出偏见或偏爱某些学生，而是应公平对待每一位学生。教师能够确保每个学生都能够在平等的条件下参与到课堂活动中，从而促进他们的全面发展。此外，建立支持性环境还需要教师主动提供必要的支持和帮助。对于在学习过程中遇到困难的学生，教师应给予及时的指导和鼓励，提升自信心。这种支持不仅能够帮助学生解决实际问题，还能够增强他们对课堂活动的投入度，让他们感受到教师对其学习进步的关心和支持。教师还应通过设立开放的交流渠道来加强支持性环境的建设。课堂上可以设置意见箱、反馈环节等形式，让学生能够自由表达他们的意见和建议。通过这种开放的交流方式，学生能够更好地反映他们的需求和困惑，教师也能够及时调整教学策略，以更好地满足学生的学习需求。

第四节　有效数学课堂管理中的问题与对策

一、有效数学课堂管理中存在的问题

（一）学生参与度不足

一些学生对数学缺乏兴趣，这可能导致他们在课堂上的参与度较低。缺乏兴趣的学生往往会对课堂活动和讨论漠不关心，影响整个课堂的互动和学习效果。课堂上，某些学生可能会因为性格内向或自信心不足而很少发言，而其他学生则可能占据主导地位。这种不均衡的参与机会会导致部分学生的学习需求得不到满足。

（二）课堂纪律问题

学生的行为管理可能面临挑战，如打断他人讲话、频繁离开座位等行为。

这些行为不仅影响课堂秩序，还可能影响其他学生的学习体验和注意力集中。不同学生的纪律要求可能有所不同，某些学生可能需要更严格的管理，而另一些学生则可能对宽松的管理方式更适应。这种差异使得教师在制定课堂纪律时面临挑战，需要找到一种兼顾不同需求的管理方式。

（三）教学资源和工具的不足

在一些课堂中，缺乏足够的教学资源和工具，如数学模型、计算器、图表等，这会影响到课堂教学的有效性。资源的不足可能导致教学效果的下降，无法充分支持学生的学习需求。即便教学资源充足，如果教师对这些工具的使用不当，也可能影响课堂教学。

（四）教师的管理策略不足

如果教师在课堂上没有制定明确的管理规则，可能会导致学生行为不规范。缺乏规则的课堂环境容易导致混乱，影响教学进度和效果。教师对学生的行为和学习情况的反馈如果不及时，学生可能不会意识到自己的不足，也无法及时改正。这种延迟反馈会影响课堂管理的有效性，降低学生的学习效率。

（五）个别学生的特殊需求

一些学生可能面临学习困难，如数学基础薄弱或特殊教育需求，这些学生需要个性化的支持和额外的帮助。普通的课堂管理策略可能无法有效满足这些学生的特殊需求。部分学生可能由于内向、不善于表达等影响课堂表现。这些问题如果没有得到适当关注和处理，会对课堂管理和学生的整体学习效果产生负面影响。

（六）家长沟通不足

在有效的课堂管理中，家校合作至关重要。如果教师与家长之间的沟通不足，可能会影响对学生行为和学习情况的全面了解和管理。这种沟通缺失会导致管理措施的效果大打折扣。如果家长对课堂管理和学生学习的支持不足，学生在课堂上的表现和学习效果可能会受到影响。缺乏家长的积极参与和配合，教师的管理策略可能难以有效实施。

二、有效数学课堂管理对策

（一）提升学生参与度

教师可以通过设计有趣的数学问题、游戏和实际应用场景来激发学生的兴趣。结合实际生活中的数学问题，让学生感受到数学的实用性和趣味性，从而提高他们的课堂参与度。利用小组讨论和合作学习的方式，让学生在课堂上积极参与讨论。教师可以设计一些开放性问题，鼓励学生发表不同的见解，并通过班级讨论和汇报的方式让每位学生都有机会参与。

（二）加强课堂纪律管理

教师应制定并清晰地传达课堂规则，如发言顺序、举手提问等，并在课堂上始终坚持这些规则。明确的规则有助于维持课堂秩序，避免不必要的行为干扰。建立一个积极的行为管理系统，包括奖励和惩罚机制。对表现良好的学生给予奖励，如表扬或小礼品，而对不遵守规则的学生进行适当的提醒和纠正。

（三）充分利用教学资源

教师应充分利用数学教学资源，如数学模型、图表、计算器等。通过直观的教学工具，帮助学生更好地理解抽象的数学概念，提高课堂教学的效果。在课堂中引入技术工具，如数学软件和互动白板等，能够增强课堂的互动性和趣味性。教师可以通过这些技术手段进行动态演示和实时反馈，提高学生的学习兴趣和参与感。

（四）优化管理策略

教师应制定合理的课堂管理策略，并在实践中不断调整和优化。例如，制定清晰的课程目标和教学计划，并根据学生的反馈和课堂实际情况进行调整。教师应及时对学生的表现进行反馈，无论是对他们的参与情况还是对他们的作业和测试。通过及时反馈，学生能够了解自己的优点和不足，并在此基础上进行改进。

（五）关注学生特殊需求

针对学习困难的学生，教师应提供个性化的支持，如一对一辅导、额外的练习和解释等。了解每个学生的具体需求，提供有针对性帮助，能够有效提高他们的学习效果。关注学生的心理状态，对有心理问题的学生提供必要的支持和帮助。教师可以与学校心理辅导员合作，为这些学生提供心理辅导，帮助他们克服学习中的障碍。

（六）加强家校沟通

教师应与家长保持定期的沟通，通过家长会、电话、邮件等方式，及时了解学生的家庭情况和学习进展。良好的沟通能够帮助教师获得更多关于学生的信息，从而制定更有效的管理策略。鼓励家长积极参与学生的学习和课堂活动。邀请家长参与课堂讨论或展示活动，增加家长对课堂管理的理解和支持。家长的积极参与能够对学生的学习产生积极影响。

（七）培养自我管理能力

教师可以通过课堂活动和任务，帮助学生培养自我管理能力。鼓励学生制定个人学习计划，设立目标，并进行自我评估。这样能够帮助学生在课堂上更加自律和主动。教师应帮助学生发展自我调节技能，如时间管理、注意力集中和情绪控制等。通过这些技能的培养，学生能够在课堂上更好地管理自己的行为和学习状态。

第六章　有效数学教学评估与反馈

第一节　有效数学教学评估的基本原则

一、公平性原则

为了确保评估的公平性，教师应制定清晰且一致的评估标准，确保所有学生在相同的标准下接受评估。这可以避免因评估标准不一致而造成的评价偏差。评估过程中应尽量消除教师的个人偏见和主观判断，确保所有学生的评估结果仅反映他们的实际能力和表现。这要求教师在评估时保持客观，避免对学生的个人背景或表现进行不公正的评价。

二、全面性原则

有效评估应覆盖学生数学能力的各个方面，包括知识掌握、问题解决能力、逻辑推理能力以及应用能力等。多维度的评估能够全面了解学生的学习情况，提供更为准确反馈。在评估过程中应结合不同类型的评估方法，如形成性评估和总结性评估，以及书面测试和实践活动。综合评价能够更全面地反映学生的综合能力，而不仅仅是考试成绩。

三、及时性原则

教师应在评估后尽快向学生提供反馈，以便学生能够及时了解自己的优点和不足。及时反馈有助于学生在后续的学习中进行调整和改进。评估的频率应合理安排，既要确保能够持续监控学生的学习进展，又要避免过于频繁评估影响学生的学习体验。适当的评估周期有助于保持评估的有效性和学生的学习积极性。

四、针对性原则

评估应围绕教学目标和学生的学习需求进行设计。教师应明确评估的目标是什么，并根据这些目标制定相应的评估内容和方法，使评估能够真正反映学生对教学目标的掌握情况。考虑到学生的个体差异，评估应根据学生的学习水平和需求进行适当调整。个性化评估能够更准确地反映每个学生的实际能力，提供更有针对性反馈和支持。

五、有效性原则

评估内容应与教学内容和学习目标紧密相关，确保评估能够有效测量学生对所学知识和技能的掌握情况。有效评估内容能够提供准确的学习成果反馈。使用科学、有效的评估工具和方法，如标准化测试、任务型评估和自我评估等，能够提高评估结果的可靠性和有效性。科学的评估工具能够确保评估的准确性和公正性。

六、反馈导向原则

评估反馈应具有建设性，提供具体的改进建议，而不仅仅是对学生表现的评价。建设性反馈能够帮助学生明确改进方向。鼓励学生参与反馈过程，教师可以通过与学生的讨论和互动，进一步了解学生的理解和需求。这种互动反馈有助于深化学生对评估结果的理解，并促进他们在学习中的积极改进。

第二节 有效数学形成性评估与总结性评估

一、有效数学形成性评估

（一）明确评估目标

评估目标应明确，聚焦于学生对数学概念、技能和应用的理解程度。设定具体的学习目标，如掌握某一数学概念或技能，能有效引导形成性评估的设计和实施。确保评估目标与课程目标、学习标准和学生个人学习目标的一致性，帮助教师和学生明确学习方向和评估标准。

（二）设计多样化的评估工具

结合选择题、填空题、解答题等定量评估工具，以及课堂讨论、项目作业、口头陈述等定性评估工具，以全面了解学生的学习情况。使用数学学习软件、在线测验工具等，提供即时反馈，帮助学生快速识别并纠正错误。

（三）进行过程性评估

通过观察学生在课堂上的表现、参与情况以及解题过程，了解学生的思维过程和学习进展。鼓励学生在小组中进行合作解决问题，通过观察小组讨论和协作，评估学生的团队合作能力和问题解决能力。

（四）促进自我评估和同伴评估

鼓励学生进行自我反思和评估，帮助他们认识到自己的学习进展和需要改进的地方。通过同伴评估活动，让学生相互评价和讨论，促进学生之间的交流与学习，增强学习效果。

（五）持续评估和改进

形成性评估应是一个持续的过程，通过定期的评估了解学生的长期进展和学习变化。根据评估数据和学生反馈，持续改进教学方法和内容，提升教学效果和学生的数学学习体验。

二、有效数学总结性评估

（一）设定清晰的评估标准

总结性评估的标准应清晰、具体，包括知识点、技能要求以及解决问题的能力，以确保评估结果准确反映学生的整体学习成果。评估标准应与课程目标和学习目标保持一致，以确保评估的公正性和有效性。

（二）设计综合性的评估工具

使用包括试卷、项目、论文、演讲等多种评估工具，综合考查学生的知识掌握、应用能力和问题解决能力。设计评估内容时应涵盖课程中的主要知识点和技能，确保评估能够全面反映学生的整体学习成果。

（三）进行有效评估实施

使用标准化的测试形式，如闭卷考试、标准化问卷等，以确保评估的一致性和公平性。确保评估环境公平、无干扰，以获得真实、可靠的评估结果。

（四）提供详尽的评估反馈

提供具体详细的评估反馈，包括学生的优点和不足之处、解题步骤和思路，以帮助学生了解自己在学习中的得失。在反馈中包含针对性改进建议，帮助学生在未来的学习中有所提升。

（五）确保评估结果的可靠性

通过多次测试、交叉评估等方式确保评估结果的可靠性，避免单次测试结果对整体评估的影响。结合不同形式的评估工具，避免由于单一工具的局限性影响评估结果的准确性。

（六）应用评估结果进行教学改进

对评估结果进行详细分析，识别学生在不同知识点或技能上的强项和弱项。根据评估结果调整教学策略和内容，针对学生普遍存在的问题进行强化训练，提高教学质量。

（七）促进学生的自我反思

鼓励学生在总结性评估后进行自我反思，分析自己的学习过程和结果，识别自身的优点和不足。引导学生基于总结性评估结果设定新的学习目标和计划，促进他们的长期发展和进步。

（八）确保评估的公平性

确保所有学生在评估过程中享有平等的机会，避免任何形式的偏见或不公平待遇。妥善保管评估结果和学生成绩，尊重学生的隐私，避免不必要的压力和焦虑。

第三节 有效数学评估工具与方法

一、有效数学评估工具

（一）试卷和测验

用于评估学生对数学概念、定理和公式的记忆和理解。适合测试基础知识和快速反馈。评估学生对数学公式、定义和解题步骤的掌握情况。适用于考察细节和准确性。检验学生的解题能力、逻辑思维和数学应用能力。适合考察复杂问题解决过程和思路。通过实际应用场景中的问题，评估学生将数学知识应用于真实问题的能力。

（二）项目和作业

让学生进行综合性项目，如数据分析、建模或实际问题解决，通过项目展示学生的综合能力和创造力。布置与课堂学习内容相关的作业,检验学生对知识的掌握和应用情况,同时培养学生的独立思考能力。

(三)口头陈述和展示

要求学生就某一数学主题或问题进行口头报告,评估他们的表达能力、理解能力。学生展示自己的解题过程或研究成果,通过演示过程和解释,检验他们的理解和表达能力。

(四)课堂观察

教师在课堂上观察学生的参与度、互动情况和解决问题的过程,了解学生的实际能力和思维方式。通过观察学生在小组讨论中的表现,评估他们的合作能力、沟通能力和问题解决能力。

(五)数学软件和工具

使用数学学习软件和在线平台进行测验,帮助学生自我检测和提高。利用数学计算软件或应用程序进行评估,测试学生的技术技能和计算能力。

(六)自我评估和同伴评估

让学生对自己的学习和表现进行自我评估,帮助他们认识自己的优缺点,激发自我改进的意识。学生互相评估作业或项目,通过同伴评价获取不同的视角和反馈,增强学习效果和合作能力。

(七)多维度评估

将数学知识与其他学科(如科学、工程)结合进行评估,考查学生的综合应用能力。在学习过程中进行多次评估,了解学生的学习进展和变化,提供全面的反馈和支持。

（八）形成性与总结性评估结合

通过日常作业、课堂互动和即时反馈，持续跟踪学生的学习过程，调整教学策略。在学习单元或学期末进行综合性评估，衡量学生的总体学习成果和掌握程度。

二、有效数学评估方法

（一）诊断性评估

在教学开始之前进行测试，了解学生对相关知识的预备情况，以便制定适当的教学计划和目标。通过诊断性评估识别学生在某一领域的知识漏洞和理解障碍，从而为教学提供针对性支持。

（二）自我评估

提供自我评估工具，如检查表或问卷，让学生对自己的学习进展和表现进行自我评价，增强自我反思能力。鼓励学生记录自己的学习过程、解决问题的思路和遇到的困难，帮助他们分析自己的学习情况和进步。

（三）实践评估

设计实践性活动或实验，评估学生的实际操作能力和问题解决能力。通过实验记录和结果分析，了解学生的应用能力。使用实际案例，考查学生的分析能力、应用能力和综合思维能力。

（四）动态评估

通过对学生学习过程的动态跟踪，了解他们在解决问题过程中的思考和策略应用情况，调整教学内容和方法。根据学生在学习过程中的表现和反馈，持续调整评估方法和教学策略，以满足学生的学习需求。

（五）技术辅助评估

使用在线测验和评估工具，提供即时反馈和详细的评估报告，帮助学生和教师了解学习情况。利用数学计算和分析软件进行评估，检验学生的技术应用能力和计算准确性。

（六）综合评估

结合多种评估方法（如测试、作业、项目、口头陈述）进行综合评估，全面了解学生的数学能力和学习情况。通过对学生长期学习情况的跟踪和评估，了解他们的整体发展和进步，为教学改进提供依据。

第四节 有效数学教学反馈与改进策略

一、有效数学教学反馈

（一）反馈的及时性

在学生完成作业、解答问题或参与活动后，尽快提供反馈，以帮助学生立即识别和纠正错误，强化正确的理解。在学习单元或阶段结束时进行总结性反馈，帮助学生了解整体学习情况，并制定进一步的学习计划。

（二）反馈的具体性

提供具体的反馈内容，明确指出学生的正确之处和错误之处，帮助学生理解问题的根源。通过详细的解题步骤和示例，解释如何解决类似的问题，帮助学生掌握正确的解题方法和思路。

(三) 反馈的建设性

在指出错误的同时，给予学生积极鼓励，肯定他们的努力和进步，提升他们的学习动机和自信心。指导学生如何提高自己的学习效果和技能，避免仅仅指出问题而不提供解决方案。

(四) 反馈的针对性

根据每个学生的实际情况和需求，提供有针对性反馈，帮助他们解决特定的学习问题。针对学生在不同数学领域或技能上的表现，提供差异化的反馈和指导。

(五) 反馈的互动性

鼓励学生主动参与反馈过程，如提出问题、表达困惑，增强反馈的互动性和有效性。在反馈后组织讨论或辅导，帮助学生深入理解反馈内容，并提供进一步的指导和支持。

(六) 反馈的形式多样性

通过批注、评分和书面评语等形式提供反馈，确保反馈内容清晰、易于理解。在课堂上或个别辅导中进行口头反馈，及时解答学生的问题，并进行面对面的讨论和指导。利用在线平台、数学软件和学习管理系统提供反馈，利用技术手段提高反馈的效率和及时性。

(七) 反馈的可操作性

提供具体的改进步骤和方法，让学生能够明确如何应用反馈内容进行自我改进。设计额外的练习或任务，帮助学生在实践中巩固反馈内容，提高他们的实际操作能力。

（八）反馈的透明性

提供明确的评分标准和评估依据，让学生了解如何得到评分和反馈，增加评估的透明度和公正性。保持登记反馈记录，方便学生跟踪自己的学习进展和反馈内容，并进行长期的学习改进。

二、有效数学改进策略

（一）数据驱动的教学改进

通过分析学生的评估数据，识别常见的知识盲点和学习困难，调整教学内容和方法以针对性地解决这些问题。定期跟踪学生的学习进展，评估教学策略的效果，并根据数据结果进行适当的调整和优化。

（二）优化教学方法

采用互动式教学方法，如小组讨论、课堂活动和游戏，增加学生的参与感和互动性，提升他们的学习兴趣和动机。使用多种教学工具和技术，如数学软件、在线资源和教学视频，丰富教学手段，满足不同学生的学习风格。

（三）增强师生沟通

定期与学生进行一对一的反馈会谈，了解他们的学习感受和困难，提供针对性的建议和支持。建立有效的沟通渠道，如学生反馈表、教学评价系统等，鼓励学生提出意见和建议，及时了解教学效果。

（四）提升教师专业能力

定期组织教师培训和专业学习活动，提升教师的教学技能和专业知识，学习新的教学方法和技术。鼓励教师进行自我反思和同行评议，分析自己的教学方法，改进的教学方向和策略。

（五）注重基础知识和技能

对学生的基础知识和技能进行系统的复习和巩固，确保他们具备扎实的数学基础，为学习更复杂的内容打下良好的基础。根据学生的能力水平进行分层次教学，提供不同难度的任务和练习，帮助学生逐步提升数学能力。

（六）激励与奖励机制

通过设立奖学金、证书或其他激励措施，鼓励学生积极参与数学学习，提升他们的学习动机和成就感。定期庆祝学生的学习进步和成就，增加他们的自信心和学习兴趣。

（七）加强实践应用

设计与现实生活相关的数学问题，让学生通过实际应用加强对数学概念的理解和应用能力。开展项目式学习活动，让学生在解决实际问题的过程中运用数学知识，提升他们的综合能力和实际操作能力。

（八）利用技术工具

采用教育技术工具，如智能教室、在线学习平台等，提升教学效率和学生的学习体验。使用自适应学习系统，根据学生的学习情况自动调整内容和难度。

（九）优化课程内容

定期更新和优化教材内容，确保教学材料的现代性和适用性，满足当前教育需求和学生的学习需要。根据学生的反馈和学习情况，调整课程安排，确保教学内容的连贯性和系统性。

第七章　有效数学教学中的技术应用

第一节　有效数学教学技术平台

一、有效数学教学技术平台的定义

有效数学教学技术平台是指支持数学教学活动的软件或系统，通过提供各种工具和资源，促进教师和学生之间的互动。

二、有效数学教学技术平台的功能

(一) 资源整合

资源整合是有效数学教学技术平台的一个核心功能，它通过集中提供多种数学学习资源，极大地提升了教学的便利性和效率。平台将教材、习题、模拟测试等资源汇集于一个系统内，使教师和学生能够方便地访问和使用。这种整合方式不仅减少了信息的分散，也避免了传统教学中资源查找的时间浪费。通过平台，教师可以快速找到适合课堂教学的材料，并将其整合到课程中，提高了教学设计的灵活性和高效性。平台的资源整合功能能够支持多样化的教学需求。比如，教师可以在平台上创建包含教材、习题和模拟测试的综合课程包，为学生提供一站式学习解决方案。这样的整合使得教学内容更加系统化，有助于学生在一个集中环境中完成学习任务，而不必在不同的资源来源之间来回切换。此外，平台还支持资源的动态更新和扩展，教师可以根据教学需要及时添加或修改资源，以适应不断变化的教学要求和学生的学习情况。

通过这些测试，学生可以在课后进行自我评估和巩固练习，及时发现自身的薄弱环节，并根据反馈进行针对性复习。这种即时的反馈机制不仅提高了学生的学习效率，还能帮助教师了解学生的学习进展，以便更好地满足学生的需求。教师可以将自己创建的优秀教学材料分享给其他教育工作者，促进教育资源的共享和交流。这种共享不仅有助于提升教学质量，也能够激发教师的创意和合作精神，共同推动数学教学的创新和发展。总之，通过集中整合各种教学资源，数学教学技术平台有效提升了教学的组织性和系统性，为师生提供了更加便捷和高效的学习体验。

（二）教学支持

教学支持是数学教学技术平台的关键功能，它通过提供在线课堂、课件展示和实时反馈等功能，显著提升了教学的互动性和效率。在线课堂的功能使得教师和学生能够在虚拟环境中进行实时的课堂教学。这种功能打破了传统课堂的时间和空间限制，即使在远程，教学活动也能够顺利进行。教师可以通过在线课堂进行讲解、演示和讨论，学生则可以随时提出问题并进行互动，从而确保了教学的连续性和有效性。平台允许教师将课件、讲义和多媒体资料上传并展示给学生。通过这种功能，教师能够在课堂上使用图文并茂的课件进行讲解，使得抽象的数学概念变得更加直观和易于理解。课件展示还支持动态演示，如动画和图表，能够帮助学生更好地掌握复杂的数学原理。教师还可以根据学生的反馈及时调整课件内容，以便更好地满足学生的学习需求。

平台提供即时反馈的功能，使得教师能够迅速了解学生的学习情况，并及时作出调整。这种反馈机制包括自动评分的作业和测试、实时的课堂互动反馈以及对学生提问的迅速回应。实时反馈不仅可以帮助教师掌握学生的学习进度，还能让学生在学习过程中及时了解自己的掌握情况，从而进行针对性改进。教师可以根据这些反馈调整教学内容和方法，以便更有效地促进学生的理解和进步。教师可以使用平台进行课程安排、作业布置和学生考勤管理，同时也能够通过平台与学生进行一对一或小组讨论。这些功能增强了教师与学生之间的沟通，使得教学管理更加高效和有序。总的来说，教学支持功能的全面提供，使得数学教学变得更加灵活、互动和高效，有助于提升教学质量和学生的学习体验。

（三）数据分析

数据分析是数学教学技术平台中的一个重要功能，通过系统地收集和分析学生的学习数据，能够为学生提供个性化的学习建议，从而提高教学效果。首先，平台能够自动收集大量的学习数据，包括学生的作业成绩、测试结果、学习进度以及在线互动情况。这些数据的系统化收集为后续的分析和处理奠定了基础。教师可以通过数据分析了解学生在学习过程中遇到的困难，从而进行针对性指导。通过对学生的学习时间、参与度和错误模式进行分析，平台能够显示学生在不同知识点上的掌握情况。这种分析能够帮助教师识别学生的薄弱环节和知识盲区，以便制定更加有针对性的教学策略。此外，平台还能够追踪学生的学习进展，提供详细的学习报告，帮助教师实时调整教学内容和方法，以满足学生的实际需求。

基于对学生数据的分析，平台能够生成个性化的学习建议，帮助学生制定适合自己的学习计划。平台可以推荐额外的练习题、学习资源或补习课程，帮助学生在特定领域进行深入学习。这种个性化的建议不仅提高了学习的针对性，还能激发学生的学习兴趣和自主学习能力。学生可以根据平台提供的建议进行自主学习，及时弥补知识的空白，提升整体学习效果。通过对学生历史数据的长期跟踪，平台可以预测学生的未来学习趋势和可能的学习问题。这种预测功能帮助教师提前识别潜在的学习困难，采取预防措施，避免问题的出现。同时，学生也可以根据预测结果进行调整，提前做好准备，以应对未来的学习挑战。

三、有效数学教学技术平台的核心技术

(一) 互动技术

互动技术是现代数学教学技术平台的重要组成部分,它通过提供实时互动功能,如虚拟课堂、即时通信和讨论区,显著增强了学生的参与感和学习体验。首先,虚拟课堂功能允许教师和学生在网络环境中进行同步的教学活动,这种实时互动打破了传统课堂的空间限制,使得教学可以跨越地理界限进行。教师可以通过视频直播、屏幕共享和实时讲解与学生进行互动,而学生则可以在课堂上直接提问、参与讨论,从而保持课堂的活跃度和互动性。其次,平台提供了即时消息、语音通话和视频通话等多种通信方式,使得教师和学生能够随时进行沟通。这种即时交流的方式不仅解决了课堂之外的疑问,还能促进学生在课外的学习讨论。最后,教师可以通过即时通信回答学生的课后问题,提供额外的学习资源或进行个别辅导,从而支持学生的个性化学习需求。在讨论区中,学生可以围绕数学问题进行深入探讨,分享自己的见解和解决方案。教师也可以在讨论区中发起话题,组织讨论,激发学生的思考。这种互动形式不仅促进了知识的深入理解,还鼓励了学生之间的合作和经验分享,有助于建立一个积极的学习社区。

(二) 智能分析

智能分析是现代数学教学技术平台的关键功能,通过运用人工智能技术对学生的学习行为进行深入分析,能够提供个性化的学习建议和精准的预测。这一技术的核心在于通过大量数据的处理和模型的应用,揭示学生学习过程中的潜在问题和发展趋势。人工智能技术能够全面监测和分析学生的学习数据,包括作业成绩、在线活动、测试结果等。这些数据的综合分析有助于识别学生在

学习中的强项与弱点，从而为教师提供宝贵的教学参考。通过对学生学习行为的细致分析，平台能够识别出学生在特定知识点上的短板，并根据这些数据推荐针对性的学习资源和练习题。例如，如果某个学生在代数部分表现不佳，平台可以推荐相关的复习材料和强化练习，帮助学生针对性地提升技能。这种个性化的建议不仅提高了学习的效率，也增强了学生的学习动机，使得每位学生能够按照自身的节奏进行学习。通过对长期数据的跟踪和分析，平台可以预测学生可能面临的学习困难，提前采取干预措施。

（三）多媒体支持

多媒体支持是数学教学技术平台中不可或缺的一部分，它通过集成视频、动画和仿真等多种多媒体工具，使数学概念的呈现变得更加生动和直观。视频功能在数学教学中扮演了重要角色，通过直观的视觉和听觉信息帮助学生理解复杂的数学概念。教师可以利用视频展示实际应用场景，讲解数学原理和步骤，这种生动的演示使得抽象的数学问题变得具体和易于理解。例如，使用视频展示几何图形的旋转和变换，可以帮助学生更好地掌握空间几何的概念。动画可以动态展示数学公式的推导过程、函数图像的变化以及几何图形的构造等。这种动态展示使得学生能够看到数学概念如何在变化中体现，从而更深入地理解其内在规律。函数图像的实时变化可以帮助学生直观地感受到不同函数的特性和行为，这种直观的学习方式有助于加深记忆和理解。仿真工具的集成为数学教学提供了一个虚拟实验的平台。学生可以通过仿真工具进行各种数学实验，如几何形状的构建、统计数据的模拟等。这种虚拟实验不仅允许学生在没有实际操作条件的情况下进行尝试，还能够帮助学生在实际操作中遇到困难时进行自我纠错和探索。通过仿真工具，学生可以在虚拟环境中操作几何模型，探索不同条件下几何性质的变化，从而加深对几何学的理解。

四、有效数学教学技术平台的设计原则

（一）用户友好

用户友好是数学教学技术平台设计中的一个重要原则，其核心在于确保界面设计简洁明了，操作便捷，以便教师和学生能够高效地使用平台。简洁明了的界面设计有助于减少用户的认知负担。平台的界面应避免复杂的布局和过多的功能按钮，以免让用户感到困惑或分心。通过使用清晰的导航栏、直观的图标和简单的菜单结构，用户能够快速找到所需的功能和资源，提升使用效率。平台应设计直观的操作流程，使得教师和学生可以轻松完成各项任务。上传作业、设置课堂活动和查阅学习资源等功能应尽可能简化，减少操作步骤。通过提供清晰的操作提示和帮助文档，用户能够快速上手并熟练掌握平台的使用方法。此外，平台还可以设计用户自定义功能，让用户根据自己的需求调整界面布局和功能设置，从而提高个性化体验和操作舒适度。

平台应确保在不同的设备和操作系统上表现一致，避免因兼容性问题导致的操作困难。界面的响应速度应足够快，以确保用户在使用过程中不会因系统延迟而感到沮丧。无论是通过电脑、平板还是手机访问平台，用户都应获得流畅的操作体验。平台可以提供反馈渠道，让用户能够提出意见和建议，及时解决使用中的问题。通过不断收集和分析用户反馈，平台开发者可以根据实际需求进行调整和改进，进一步提升用户体验。总而言之，用户友好的设计不仅提高了平台的易用性和操作效率，也增强了用户的满意度和参与感，从而为数学教学提供了更加高效和舒适的支持环境。

（二）个性化

个性化是现代数学教学技术平台的重要特征，其核心在于根据学生的学习进度和水平提供定制化的学习资源和反馈。通过分析学生的学习数据，平台可

以自动识别每个学生的学习进度和掌握情况。这种数据驱动的分析使得平台能够准确地了解学生在不同知识点上的表现，从而为每个学生量身定制适合的学习资源。例如，平台可以根据学生在代数、几何或统计学等不同领域的学习掌握情况，推荐相关的学习材料和练习题，以便学生可以在自己需要加强的领域进行重点学习。个性化学习资源的提供不仅包括课本知识的推荐，还涉及难度和形式的调整。平台可以根据学生的当前水平调整资源的难度，从而避免过于简单或过于复杂的材料。比如，平台可以提供基础概念的讲解视频和易于理解的示例；而对于进步较快的学生，则可以提供更具挑战性的题目和高级的学习资源，以督促他们的进一步学习和发展。这种动态调整功能能够确保每位学生都能以适合自己的节奏进行学习，最大化地发挥其潜力。通过实时跟踪学生的学习表现，平台可以及时提供具体而有针对性反馈。这些反馈不仅包括对学生作业和测试的评分，还包括对学生学习习惯和问题解决过程的分析。

（三）兼容性

平台的设计需要支持多种设备和操作系统，确保用户能够随时随地访问和使用。平台应具备跨平台兼容性，能够在不同的操作系统上正常运行。这种兼容性不仅保证了不同设备上的用户体验一致性，还减少了因操作系统不同而可能产生的使用障碍。响应式设计使得平台能够根据设备的屏幕尺寸和分辨率自动调整界面布局和内容显示。这意味着，无论用户使用的是大型电脑屏幕还是小型手机屏幕，平台的内容都能够清晰可见、操作顺畅。这种设计方式确保了无论在何种设备上，用户都能获得优化的浏览和操作体验，提高了平台的使用便利性。

为了保证浏览器兼容性，平台开发者应进行全面的测试和优化，确保所有主要浏览器上的用户体验一致。另一个重要的兼容性方面是与第三方应用和工具的集成能力。平台应能够与常用的教育工具和应用程序，如在线作业系统、教学管理系统等，进行无缝集成。这种集成能力使得用户能够在一个统一的环境中进行多种操作,避免了在不同系统和应用间切换的麻烦。此外,平台的API接口应开放并支持标准化的协议,以便于与其他系统的数据交互和功能扩展。

四、教学技术平台在数学教学中的应用

(一)教学设计

教学设计是数学教学技术平台的核心功能,它赋予教师创建互动课件、设计在线作业和进行课堂管理的强大能力。平台允许教师利用丰富的工具和模板创建互动课件。教师可以通过平台上传课件资料、添加互动元素如动态图表、视频和模拟实验,以增强课堂的互动性。这种互动课件能够使复杂的数学概念变得更直观,促进学生的主动参与和深入理解。例如,教师可以设计一个动态几何图形的课件,让学生通过拖动图形观察几何性质的变化,从而实现更生动的教学效果。教师可以根据课程内容设置不同类型的作业,如选择题、填空题和解答题,并设定自动评分标准。这种在线作业不仅方便了教师的批改工作,还能够实时收集学生的作业提交情况。平台的自动评分系统可以快速生成成绩报告,帮助教师及时了解学生的学习进展和掌握情况。此外,教师还可以设置作业的截止时间和重做机会,以鼓励学生反复练习和不断改进。

通过平台,教师可以进行课堂的实时监控和管理,包括管理学生的在线状态、进行课堂讨论和互动以及发布即时公告。平台提供的实时反馈功能使教师能够迅速了解学生在课堂上的表现,并进行必要的调整。教师可以根据学生的参与情况和反馈调整教学节奏,确保每位学生都能够跟上课程进度并参与讨论。通过这种有效的课堂管理,教师能够创建一个有序且互动的学习环境,提升课堂的整体教学效果。此外,平台还支持数据统计和分析功能,帮助教师进行教学反思和改进。教师可以通过平台生成详细的学习报告,分析学生的学习行为和成绩走势,从而调整教学策略和内容。这种数据驱动的教学设计不仅提升了教师的决策能力,也帮助学生在个性化学习中取得更好的进展。综上所述,教学设计功能通过创建互动课件、设计在线作业和进行课堂管理,极大地提升了

教师的教学效率和学生的学习体验。

（二）学习评估

学习评估是数学教学技术平台的一个关键功能，通过测试和反馈功能对学生的学习效果进行全面评估，并据此及时调整教学策略。平台提供的测试功能允许教师设计多种类型的测试题目，如选择题、填空题和应用题，以全面评估学生对知识的掌握程度。这些测试可以在课堂上进行，也可以作为课后作业布置，确保对学生学习效果的持续监测。测试结果能够帮助教师准确了解学生在不同数学领域的表现，识别出他们的强项和弱点。学生在完成测试后，平台能够立即生成详细的成绩报告，包括正确率、错误类型和知识点掌握情况。教师可以通过这些反馈数据快速了解学生的学习状态，并对出现的问题进行详细分析。如果发现某一知识点的错误率较高，教师可以立即调整教学策略，针对该知识点进行进一步讲解和练习。通过这种及时的反馈和调整，教师能够确保学生在学习过程中不断进步，避免长时间停留在错误的学习道路上。

教师可以查看学生在不同测试中的表现趋势，识别出学习中的长期问题或进展。通过对历史数据的分析，教师可以发现学生在某些时间段或特定主题上的学习困难，从而有针对性地进行教学调整。这种数据驱动的分析方法不仅帮助教师制定更科学的教学策略，还能为学生提供个性化的辅导和支持。同时，平台的学习评估功能还包括对学生参与度和互动情况的监测。通过分析学生在在线课堂中的发言频率、作业提交情况和参与讨论的积极性，教师能够全面了解学生的学习投入程度。这些信息能够帮助教师评估学生的学习态度，并在必要时采取激励措施，提升学生的学习积极性和参与度。

（三）学生支持

平台可以提供丰富的课外辅导资源，包括补充教材、练习题和解题视频。学生可以通过平台访问这些资源，以巩固课堂上学到的知识或预习新的课程内容。丰富的辅导资源不仅帮助学生在课后进行自主学习，还能根据他们的学习需求提供针对性支持。平台可能包括数学公式的详细讲解、经典问题的解答和实用的学习技巧，以帮助学生提高他们的数学能力。当学生在自学过程中遇到难题或困惑时，他们可以通过平台与教师或辅导员进行实时沟通。在线问答系统或即时聊天功能使得学生能够在遇到问题时快速获得帮助，避免了因缺乏指导而导致的学习瓶颈。这种即时的支持不仅增强了学生的学习信心，还能帮助他们及时解决问题，从而保持学习的连贯性和高效性。

平台还可以提供个性化的学习建议和复习计划，帮助学生根据自己的学习进度和需要制定有效的学习策略。平台能够推荐适合的复习材料和练习题，帮助学生重点复习薄弱环节。例如，如果学生在某一数学主题上表现不佳，平台可以自动推荐相关的复习资料和针对性的练习题，以帮助学生提升该知识点的掌握水平。此外，平台还可以提供学习进度追踪功能，允许学生查看自己在不同知识点上的学习进展，从而制定合理的复习计划和目标。学生可以在社区中参与讨论、分享学习经验、互相解答问题，这种互动不仅丰富了学习资源，还增强了学习的社交性。通过与其他学生的交流和合作，学生能够获得更多的学习视角和策略，从而在自学和复习中获得更多的支持和激励。

第二节　有效数学多媒体与信息技术辅助教学

一、有效数学多媒体教学

（一）互动课件设计

互动课件是有效数学多媒体教学的核心工具。通过利用动画、动态图表和模拟实验，互动课件使抽象的数学概念变得更加具体和可视化。教师可以设计包含互动元素的课件，例如动态几何图形、交互式问题和实时反馈机制，增强学生的理解和参与感。这种设计方式不仅能够吸引学生的注意力，还能够帮助他们通过实际操作理解复杂的数学概念。

(二) 多媒体讲解

多媒体讲解通过视频、音频和动画等多种形式呈现数学内容，使教学过程更加生动和直观。视频讲解可以展示数学概念的实际应用和解决步骤，音频解释可以补充文本讲解中的细节，动画则可以动态展示数学过程或解决方案。这种多样化的讲解方式能够满足不同学生的学习风格和需求，使学习变得更加有趣和易于理解。

(三) 虚拟实验和仿真

虚拟实验和仿真工具提供了动手操作的机会，尤其是在进行几何或代数实验时。这些工具能够模拟数学问题的实际情况，让学生在虚拟环境中进行操作和实验。例如，学生可以使用仿真工具来探索几何图形的性质、验证代数公式或进行统计数据分析。学生能够在没有实际实验条件的情况下获得实践经验，从而加深对数学概念的理解。

(四) 自适应学习系统

自适应学习系统利用智能算法根据学生的学习进度和水平提供个性化的学习资源和反馈。这些系统能够分析学生的测试结果和学习行为，自动调整学习内容和难度，以满足每个学生的独特需求。通过个性化的学习体验，学生能够在自己的节奏下进行学习，获得针对性帮助，从而提升学习效率和成果。

(五) 数据分析与跟踪

数据分析与跟踪功能通过收集和分析学生的学习数据，帮助教师了解学生的学习进展和困难。这些数据可以包括学生的测试成绩、作业完成情况和在线活动记录。教师可以利用这些数据生成学习报告，识别出学生的优势和弱点，从而制定更有效的教学策略和个性化辅导计划。

(六) 资源共享与协作

资源共享与协作功能允许教师和学生共享学习资源和教学材料。教师可以上传和分享课件、练习题和参考资料，学生则可以访问这些资源进行自学和复习。此外，平台还支持学生之间的协作，学生可以在学习社区中进行讨论、互相帮助和分享学习经验，从而形成良好的学习氛围和合作精神。

二、有效数学信息技术辅助教学

(一) 数字化教材和资源

数字化教材和资源是信息技术辅助教学的重要组成部分。通过将传统的纸质教材转换为电子格式，教师和学生可以随时随地访问和使用这些资源。数字化教材不仅包含文本内容，还可以集成互动元素如视频讲解、动画示例和虚拟实验。这种资源的丰富性和灵活性使学生能够在学习过程中获得更多帮助和支持，同时方便教师进行课程更新和内容调整。

(二) 在线学习平台

在线学习平台提供了一个集成的教学和学习环境，使教师和学生能够进行远程教学和学习。这些平台通常包括视频教学、在线作业、讨论区和实时反馈功能。教师可以将课程内容上传至平台，让学生在线学习和完成作业。同时，教师可以通过平台进行互动讨论、实时答疑和成绩评定。这种平台的使用不仅扩展了教学的时间和空间，还增强了学生的学习灵活性和自主性。

(三) 虚拟实验和模拟工具

虚拟实验和模拟工具使得学生能够在没有实际实验设备的情况下进行数学

实验和模拟。学生可以探索数学概念、验证理论和解决实际问题。学生可以使用虚拟几何软件来动态调整图形的参数，观察图形属性的变化。这种模拟实践不仅提供了实验操作的体验，还帮助学生加深对抽象数学概念的理解。

（四）实时互动工具

实时互动工具如虚拟课堂、在线讨论区和即时通信功能，增强了教学的互动性和参与感。这些工具允许教师和学生在课堂外进行即时交流和互动，解决学习中的疑问和问题。教师可以通过虚拟课堂进行实时讲解，并使用在线讨论区解答学生的问题。实时互动不仅提高了课堂的动态性，还促进了学生的积极参与和合作学习。

（五）移动学习应用

移动学习应用使学生能够通过智能手机或平板电脑随时随地进行数学学习。这些应用通常提供了多种学习工具，如电子教材、习题练习和互动游戏，方便学生在移动设备上进行学习。通过移动学习应用，学生可以利用碎片时间进行学习和复习，提升学习的灵活性和效率。

（六）教学管理系统

教学管理系统用于优化教学过程中的管理和组织。教师可以通过这些系统进行课程安排、学生考勤和成绩管理。系统的自动化功能减少了教师的行政工作量，让教师能够将更多精力投入教学内容的开发和学生的指导上。同时，教学管理系统还提供了数据分析工具，帮助教师进行教学评估和改进。

第三节 有效数学大模型与人工智能辅助教学

一、有效数学大模型教学

（一）大模型概念引入

大模型概念引入是有效数学大模型教学的第一步。大模型教学法通过引入数学大模型，帮助学生理解复杂的数学概念和原理。这些模型通常涵盖多个数学领域，整合不同的数学知识，提供一个全面的视角。例如，通过一个包含代数、几何和统计学内容的综合模型，学生可以看到这些领域如何相互关联，并应用于实际问题的解决。这种方法能够帮助学生构建系统化的数学思维，提高他们对数学概念的整体理解。

（二）实际应用场景

实际应用场景的设置使学生能够在实际问题中应用大模型的理论和方法。将数学大模型应用于现实世界的问题，比如经济预测、工程设计或数据分析，可以增强学生对模型的理解和兴趣。学生能够看到数学模型的实际价值和应用，激发他们的学习动力，并帮助他们将抽象的数学知识转化为具体的解决方案。

（三）模型构建与分析

模型构建与分析是数学大模型教学的核心环节。教师通过引导学生构建数学模型，分析模型的结构和功能，使学生能够掌握模型的建立和应用过程。学生学习如何从实际问题中提取关键变量，设立假设，建立数学关系，并进行模型分析和验证。通过对模型的构建和分析，学生能够深入理解数学概念，掌握建模技能，并提升解决复杂问题的能力。

（四）互动模拟与实验

互动模拟与实验为学生提供了动态的学习体验。利用计算机软件和仿真工具，学生可以进行互动模拟，观察模型在不同条件下的行为和结果。这种互动式的学习方式让学生能够实时操作模型，调整参数，验证假设，探索模型的灵活性和限制。通过模拟实验，学生能够在实践中检验理论，发现问题并进行调整，从而加深对数学模型的理解。

（五）数据驱动的模型优化

数据驱动的模型优化利用实际数据对数学模型进行调整和优化。学生通过收集和分析数据，识别模型的不足之处，进行模型修正和改进。数据驱动的方法帮助学生理解模型与实际数据之间的关系，掌握数据分析和模型优化的技能。通过数据驱动的优化过程，学生能够提高模型的准确性和可靠性，从而提升在实际应用中的有效性。

（六）协作与讨论

协作与讨论是数学大模型教学中不可或缺的部分。通过小组合作和集体讨论，学生能够共享思路，解决问题，并对模型进行深入探讨和评估。协作学习不仅促进了学生之间的知识交流，还增强了他们的团队合作和沟通能力。在讨论和协作的过程中，学生可以从不同的视角看待问题，获得更多的见解和反馈，从而提高对模型的理解和应用能力。

（七）评估与反馈

评估与反馈是确保数学大模型教学有效性的关键环节。教师通过对学生的模型构建、分析和应用过程进行评估，提供针对性反馈，帮助学生识别问题和改进方案。评估不仅包括对模型结果的准确性进行评估,还涉及对模型构建过程、数据分析和应用效果的综合考量。及时反馈能够帮助学生改进模型,提升建模能力,并进一步提高他们的数学学习效果。

二、有效数学人工智能辅助教学

(一)智能学习推荐系统

智能学习推荐系统利用人工智能算法根据学生的学习历史、表现和需求提供个性化的学习资源和建议。系统通过分析学生的成绩、作业完成情况和在线行为,识别他们的学习特点和薄弱环节。基于这些数据,系统能够推荐适合的教材、练习题和补充材料,帮助学生在自己的学习节奏下进行针对性学习。这种个性化的推荐提高了学习的效率和效果,使学生能够更好地掌握数学知识。

(二)自适应学习平台

自适应学习平台通过人工智能技术自动调整学习内容和难度,以适应学生的个体差异。平台会实时监测学生的学习进度和反馈,根据其掌握情况动态调整课程内容和练习难度。例如,当系统检测到学生在某个数学概念上表现不佳时,它会自动提供额外的解释和练习,确保学生能够在学习过程中获得适当的挑战和支持。这种自适应的教学方式能够帮助学生在学习过程中克服困难,持续进步。

(三)智能批改与反馈

智能批改与反馈功能通过人工智能技术自动批改学生的作业和测试,并提供详细的反馈。系统能够识别和纠正学生在解题过程中的错误,并给出改进建议。这种自动化的批改不仅提高了评估的效率,还确保了反馈的及时性和准确性。学生能够在短时间内获得详细的解题分析和错误纠正,从而更快地调整学习策略和改进解题技巧。

（四）语音识别与自然语言处理

语音识别与自然语言处理技术使得学生可以通过语音输入与学习平台进行互动。学生可以用语音提问，系统通过自然语言处理技术理解问题，并提供相应的解答。这种技术的应用使得学生能够更加自然地进行互动，尤其对那些不擅长书面表达的学生非常有帮助。同时，语音识别和自然语言处理还可以用来分析学生的语言表达和思维过程，为个性化教学提供更多数据支持。

（五）数据分析与学习预测

数据分析与学习预测功能利用人工智能技术对学生的学习数据进行深入分析，预测学生的学习趋势和可能遇到的困难。系统通过分析学生的历史数据和行为模式，生成学习报告和预测模型。这些预测可以帮助教师及时识别学生的学习障碍，并采取相应的措施。同时，数据分析还为教师提供了宝贵的教学改进建议，优化教学策略。

（六）虚拟数学助教

虚拟数学助教是基于人工智能的智能辅导工具，能够为学生提供实时的数学帮助和指导。这些虚拟助教能够回答学生的问题、解释数学概念，并提供解题步骤和策略。通过与虚拟助教进行互动，学生能够在学习过程中获得即时的帮助和指导，解决遇到的疑难问题。

（七）交互式数学游戏

交互式数学游戏通过人工智能技术设计趣味性强、富有挑战的数学游戏，以激发学生的学习兴趣和动机。这些游戏通常结合数学问题和任务，让学生在游戏中进行数学练习和思考。人工智能可以根据学生的表现动态调整游戏难度，确保游戏既具挑战性又不至于过于困难。这种游戏化的学习方式能够提高学生的参与度和学习积极性。

（八）智能资源整合

智能资源整合功能通过人工智能技术整合和管理各种数学学习资源。系统能够自动筛选、分类和推荐相关的学习资料，包括教材、视频、练习题和案例研究。通过智能化的资源整合，学生和教师可以更方便地找到所需的学习材料，提高资源的利用效率。

第四节 有效数学在线教学与远程教育

一、有效数学在线教学

（一）教学设计与规划

在进行有效数学在线教学时，首要任务是设定明确的教学目标。每节课必须有清晰的学习目标和预期成果，这样可以帮助教师在教学过程中保持教学方向，并确保学生能准确掌握所学知识。例如，在设计一个有关函数的课程时，教师应明确学生需要掌握函数的定义、性质以及如何运用这些知识解决实际问题。这样的目标设定不仅使教师的教学有章可循，也为学生提供了明确的学习方向，使他们在学习过程中能够有的放矢。将课程内容分阶段进行教学，能够帮助学生逐步掌握知识并建立起系统的知识框架。初期可以集中讲解基础概念和基本知识，随后逐步引入更复杂的理论和应用。这样的分阶段教学方式使学生能够在扎实掌握基础知识的前提下，逐步迎接更高难度的挑战，有效避免了学习中的混乱和困难。

在教材和辅助材料的选择上，应注重适用性和有效性。选择的教材应符合学生的认知水平，并能够覆盖课程的所有重点内容。此外，教师还需制作生动的课件，以增强课堂的互动性和趣味性。通过图形、动画、示例等多种方式展示知识点，可以帮助学生更好地理解抽象的数学概念。例如，在讲解概率论的基本原理时，使用实际生活中的例子和图示，可以让学生更直观地理解复杂的理论。此外，为了确保教学内容的生动性和易于理解，教师应利用多媒体资源和现代技术手段来丰富教学内容。比如，使用数学建模软件展示函数的图像变化，利用在线计算工具进行实时演示。这些技术手段不仅可以使抽象的数学知识变得更加具体和可视化，还能提升学生的学习兴趣和积极性。教师能够将复杂的数学问题以更直观的形式呈现给学生，从而提高他们的学习效果。

教学设计不是一成不变的，教师应根据学生的反馈和学习效果，适时调整课程内容和教学策略。教师可以识别教学中的问题，并进行相应的改进。如果发现学生对某一知识点掌握不牢固，可以增加相关的练习和复习内容，帮助学生巩固所学知识。这种动态调整能够确保教学内容始终与学生的实际需求和学习进度保持一致，从而提高教学的整体效果。

（二）互动与参与

通过在线课堂功能，如视频会议和实时聊天，教师可以与学生保持直接的沟通。这些功能使教师能够实时解答学生的问题，解释难点，并调整教学内容以适应学生的需求。视频会议不仅支持面对面的互动，还能通过屏幕共享功能展示教学资料，增强学生对课程内容的理解。实时聊天功能则允许学生在课堂上随时提出问题，教师可以及时回答，从而促进教学的互动性和灵活性。为了提高学生的参与感，教师应设计互动性强的教学活动。这些活动可以包括课堂讨论、问答环节和在线测验等。课堂讨论可以让学生分享他们对数学问题的理解，促进思想的碰撞与交流。通过问答环节，教师可以及时检测学生对课程内容的掌握情况，并根据学生的回答调整教学策略。在线测验则不仅能够评估学生的学习效果，还能增加课堂的互动性，使学生在参与过程中巩固所学知识。

教师还应密切关注学生的学习情况，以便及时提供个性化反馈和帮助。这可以通过定期检查学生的作业、在线测试结果以及课堂参与情况来实现。根据学生的表现，教师可以提供针对性建议。对于在数学解题中遇到困难的学生，教师可以通过一对一的在线辅导，针对性地讲解相关知识点和解题方法。此外，及时反馈能够帮助学生了解自己的学习进展，明确需要改进的地方，从而提高他们的学习效率和成绩。在远程教育中，教师应鼓励学生积极参与讨论，分享他们的观点和问题。通过建立一个开放和包容的课堂氛围，学生会更加愿意参与到课堂活动中，提出问题和分享自己的见解。同时，教师应定期收集学生的反馈意见，了解他们对课程内容和教学方法的看法。这样，教师可以根据学生的反馈调整教学策略，使教学更加贴合学生的实际需求。

（三）技术支持与平台选择

在实施远程数学教学时，选择一个功能全面且稳定性好的在线教学平台是至关重要的。理想的教学平台应具备支持视频、音频、文档共享等基本功能，以满足各种教学需求。视频功能能够提供实时的授课和互动机会，使教师与学生能够面对面交流；音频功能则保证了课堂讨论和问答环节的流畅进行；文档共享功能则使教师能够方便地展示教材、课件和其他教学资料。这些功能的综合运用能够显著提高教学的效率和效果。确保网络连接的稳定性同样重要，因为技术问题可能会直接影响教学的顺利进行。网络不稳定或速度过慢可能导致视频卡顿、声音中断，甚至无法正常访问教学资源。为了避免这些问题，教师和学生应确保自己使用的网络连接质量良好，并定期进行检查。同时，教育机构应选择具备高可靠性的网络服务提供商，以保证教学过程中网络的稳定性和安全性。

技术支持不仅限于选择平台和工具，还包括对技术问题的快速响应和解决。教师和教育机构应设立技术支持团队，处理教学过程中出现的各种技术问题，如平台故障、网络问题等。及时解决技术难题能够避免对教学活动的干扰，保障教学质量的稳定。

（四）个性化学习

根据学生的能力和需求调整教学内容和进度，可以确保每位学生都能够在自己的节奏下掌握知识。教师需要根据学生的表现和反馈，识别出他们的强项和弱点，并相应地调整课程内容。教师应提供多样化的在线学习资源，如视频讲解、模拟练习、互动游戏等，让学生能够在课外时间自由选择和使用。自主学习不仅能够帮助学生巩固课堂所学知识，还能培养他们的自学能力和独立思考能力。

针对那些需要额外帮助的学生，提供一对一辅导或补习服务是确保他们跟上进度的重要手段。教师可以安排个别辅导时间，针对学生的具体问题进行详细讲解和练习。这种个性化的辅导能够有效解决学生在学习过程中遇到的困难，帮助他们掌握知识点，提升学习成绩。补习服务可以是定期的在线辅导，也可以是通过平台提供的额外资源和练习题。无论是哪种方式，都应以学生的具体需求为导向，确保提供有针对性帮助。个性化学习不仅包括对学习内容和进度的调整，还需要关注学生的学习风格和偏好。教师应尝试不同的教学方法和资源，以适应学生的多样化学习方式。对于视觉学习者，可以使用更多的图示和动画；对于听觉学习者，则可以增加音频讲解和讨论环节。

（五）评估与改进

定期进行在线测试和作业评估，可以有效监控学生对知识的掌握情况。这些评估工具不仅能够检测学生的学习成果，还能帮助教师了解学生在学习过程中遇到的困难。通过设计多样化的测试形式，如选择题、填空题和应用题等，教师能够全面考查学生对数学概念和知识的理解程度。定期的作业评估也能够提供有关学生学习进展的重要数据，有助于教师及时发现问题并采取相应措施。

第七章 有效数学教学中的技术应用

在获取学生反馈和学习效果之后，教师需要根据这些信息调整教学策略和内容。学生的反馈可以来自课堂讨论、在线调查或面对面的交流，教师应重视这些反馈，了解学生对课程内容和教学方法的看法。如果发现学生在某些知识点上普遍存在困难，教师可以增加相关的练习和解释，调整教学重点。此外，根据学习效果的数据分析，教师可以优化课程内容，确保教学内容与学生的实际需求和学习进度相匹配，持续调整和改进能够使教学更加贴合学生的实际情况。

除了对教学内容和策略的调整，加强对教师的培训也是提升在线教学质量的重要措施。教师应定期参加在线教学技能和技术应用能力的培训，以提升其专业素养和技术水平。这些培训可以包括如何使用在线教学平台的各种功能、如何设计有效在线测试、如何进行有效的课堂互动等。通过不断学习和培训，教师能够掌握最新的教学技术和方法，提高在线教学的效率和效果。教师应了解平台的所有功能，包括视频录制、互动白板、实时聊天等，并能够灵活运用这些工具来增加课堂教学效果。利用在线白板进行实时演示，使用视频会议进行讨论和解答问题，都能够有效提升教学的互动性和学生的参与感。

教师应定期回顾和总结教学经验，分析教学数据和反馈，不断优化教学策略和内容。这种持续改进的过程可以确保教学质量的不断提升，使学生在学习过程中获得最佳的支持和帮助。通过这种不断评估与改进，教师能够更好地适应远程教学的要求，提高教学的有效性和学生的学习成绩。

二、有效数学远程教育

（一）课程设计与内容

在设计远程数学课程时，将课程内容分解为多个模块是一种有效的方法。这种模块化设计能够使学生根据自己的需求和学习进度灵活安排学习计划。每个模块应集中涵盖特定的数学知识点和技能，使学生可以逐步掌握课程内容。将课程分为代数模块、几何模块、统计模块等，每个模块中包含基础概念、理论讲解和实际应用，帮助学生系统地学习和掌握不同领域的数学知识。这种结构化的课程设计不仅能够增强学生的学习体验，还能提高他们的学习效率。教师可以准备各种形式的学习材料，包括视频讲解、文本资料、习题集和示例等。视频讲解能够直观地展示数学概念和解题过程，适合视觉学习者；文本资料则提供详细的理论解释，适合喜欢深入阅读的学生；习题集和示例则通过实践练习帮助学生巩固所学知识，并提升解题能力。这些多样化的资源能够满足学生的不同学习需求，帮助他们更好地理解和掌握课程内容。

通过将抽象的数学理论与实际问题相结合，学生能够更清楚地看到数学在现实生活中的应用。例如，在讲解统计学原理时，教师可以引用社会调查数据或市场分析案例，帮助学生理解统计方法的实际应用。这样的实际案例不仅能够使理论知识变得更加具体，还能激发学生的学习兴趣，使他们认识到数学在解决实际问题中的重要性。教师可以设计一些在线讨论活动或小组项目，让学生在解决实际问题的过程中进行协作和交流。这种互动学习的方式可以鼓励学生积极参与课堂讨论，分享自己的思路和解决方案，从而深化对数学概念的理解。同时，互动活动还能提高学生的团队合作能力和问题解决能力，这对于他们未来的学习和工作都是非常有益的。

教师应设计明确的学习目标和评估标准，让学生在学习过程中能够清晰地了解自己的进展和目标。每个模块结束时，可以设置小测验或自我评估，以帮助学生检验自己对知识的掌握程度，并及时进行调整和改进。这种结构化的评估机制不仅能够帮助学生检测学习效果，还能够提供及时的反馈，支持他们在学习过程中的不断进步。

（二）技术平台与工具

选择一个功能全面的远程教育平台是提升数学教学效果的基础。这类平台应具备视频授课、互动讨论、作业提交等基础功能，以支持各类教学活动。视频授课功能使教师能够进行实时授课，提供面对面讲解和演示，从而增强学生的学习体验。互动讨论功能则允许教师和学生在课堂上进行实时交流，解决问题并探讨课程内容，促进学生的积极参与。作业提交功能则使学生能够方便地完成并提交作业，教师也能及时进行批改和反馈。综合这些功能，教师可以在一个统一的平台上高效进行教学和管理。集成各种教学工具也是提高教学体验的重要策略。

稳定的技术支持可以避免教学过程中出现技术故障，如平台崩溃、功能失效等问题，这些问题可能会严重影响教学的连贯性。因此，选择一个技术稳定性高的平台，并与技术支持团队保持良好的沟通，是确保教学顺利进行的关键。此外，定期进行系统维护和更新，检查平台和工具的功能是否正常运行，也有助于减少技术故障的发生。为了解决学生和教师在使用过程中遇到的问题，提供有效的技术支持是必要的。技术支持团队应能够及时响应用户的问题，提供解决方案，确保平台和工具的顺利使用。教师和学生在遇到技术问题时，能够获得及时帮助和指导，从而避免因技术问题而影响学习和教学进度。技术支持的有效性不仅能够提升用户的满意度，还能提高教学的整体效率和质量。

平台应提供详细的使用指南和培训材料，帮助教师和学生熟悉平台的各项功能。教师可以通过这些指南了解如何使用各种教学工具和功能，学生则可以学习如何提交作业、参与讨论等。这种预先培训和指导能够帮助用户更好地适应平台，减少技术问题的发生，提高教学和学习的效率。

（三）互动与参与

在远程数学教学中，充分利用视频会议和实时聊天工具可以促进师生之间的互动。视频会议功能允许教师进行实时讲解和演示，学生能够通过视频看到教师的讲解，同时提出问题并获得即时解答。这种面对面的互动方式不仅能增强课堂的参与感，还能及时解决学生在学习过程中遇到的疑问。实时聊天功能则为学生和教师提供了一个便捷的交流平台，学生可以在课堂之外随时提出问题，教师也能够快速响应，进一步解决学生的疑虑。这种高效的沟通方式有助于保持课堂的连续性和互动性。通过将学生分成小组，让他们在小组内讨论问题、解决任务，可以促进学生之间的交流与合作。小组讨论不仅能够提高学生的参与度，还能帮助他们从不同的角度理解课程内容。在合作学习过程中，学生可以分享各自的见解，进行集体思考，从而加深对数学知识的理解和应用。教师可以设定具体的讨论主题或问题，引导学生在小组内进行深入探讨，促进他们的思维碰撞和知识共享。

教师应定期检查学生的学习进度，并通过各种方式提供建设性的意见和建议。通过定期的在线测验和作业，教师可以了解学生对知识点的掌握情况，识别出他们的强项和薄弱环节。教师可以给予具体的反馈，帮助学生改进学习方法和提高学习效果。及时反馈能够激励学生不断进步，从而提升整体学习效果。为了进一步增强课堂的互动性，教师还可以设计各种互动活动，如在线问答、讨论环节和实时测验等。这些活动能够激发学生的学习兴趣和主动性，使他们更加积极地参与到课堂中。通过设立奖励机制或积极反馈，教师可以鼓励在互动活动中表现积极的学生，增强他们的学习动力。互动活动的设计应充分考虑学生的学习需求和兴趣，确保活动能够有效地促进学习目标的实现。

教师还应关注学生的参与度和学习体验，及时调整教学方法以适应学生的需求。在互动过程中发现某些学生较为沉默或参与度较低时，教师可以采用更多的激励措施，如提问、邀请发言等，鼓励他们主动参与。通过这种个性化的关注和支持，教师可以帮助学生克服参与障碍，提高他们的课堂互动性。

（四）评估与激励

采用在线测验、作业和项目等方式进行过程性评估，可以实时了解学生的学习情况。这些评估工具不仅能够检测学生对知识点的掌握程度，还能帮助教师跟踪学生的学习进展。在线测验可以设计为选择题、填空题或简答题，以评估学生对具体知识点的理解。作业则提供了一个应用知识的机会，教师可以通过批改作业来了解学生的实际能力和掌握情况。项目作业则鼓励学生将所学知识运用于实际问题解决中,进一步评估他们的综合能力。期中考试能够帮助教师了解学生在前半学期的学习进展,及时发现问题并进行调整。期末考试则是对整个学期学习成果的总结,能够全面评估学生对课程内容的掌握情况。通过期中和期末考试,教师不仅可以对学生的学习效果进行系统评价,还能够为学生提供详细的成绩反馈,帮助他们了解自己在整个学期中的表现。

为了激励学生积极参与学习并努力提高学习成果,学校应设立奖学金、证书或其他激励措施。奖学金可以作为对优秀学生的经济奖励,激励他们在学习中表现出色。证书则可以颁发给在课程中表现优异或取得显著进步的学生,认可他们的努力和成就。其他激励措施还可以包括课堂表现奖励、学习进步奖等,这些奖励能够激发学生的学习动力,提高他们的学习积极性。除了物质奖励,建立良好的学习氛围和认可机制也是激励学生的重要方式。教师可以通过定期的表彰和反馈,肯定学生的努力和进步,增强他们的自信心和学习兴趣。及时的正向反馈能够激励学生继续努力,克服学习中的困难。通过这种积极的激励机制,学生能够感受到自己的努力被重视,进而激发他们更加积极地参与到学习中。

在评估和激励的过程中,教师还应关注评估的公平性和透明度。确保所有学生在评估过程中都能获得公平的机会,并且评估标准和结果能够清晰地传达给学生。通过明确的评估标准和公开的反馈,学生能够清楚地了解自己的优点和需要改进的地方。

(五) 个性化学习

根据每位学生的学习进度和能力,教师可以为他们设计量身定制的学习方法。通过分析学生的学习数据和表现,教师可以确定他们在某些知识点上的强项和薄弱环节,从而为他们推荐适合的学习资源。这种个性化的学习安排不仅能帮助学生集中精力在需要提升的领域,还能确保他们能够按照自己的节奏掌握课程内容,避免因为教学进度的差异而感到困惑或沮丧。个别辅导能够为学生提供更多的关注和支持,使他们能够在个性化的指导下克服学习障碍,跟上课程进度。此外,咨询服务可以帮助学生制订学习计划,解答他们在学习过程中遇到的疑问,并为他们提供学习策略的建议。

通过允许学生根据自己的兴趣和需求选择学习模块和资源,教师能够激发他们的学习动机和主动性。学生可以根据自己的兴趣选择深入学习某一数学领域的内容,或者根据自己的时间安排调整学习节奏。这种自主选择不仅能提高学生的学习参与感,还能帮助他们在学习过程中学会如何合理安排时间和制定学习目标,从而提升他们的自学能力和自我管理能力。教师可以通过在线测试、作业或小测验来监控学生的学习进展,并根据学生的表现提供具体的反馈和建议。这样的反馈机制能够帮助学生及时了解自己的学习状态,从而更好地实现个人学习目标。教师应根据学生的具体情况,提出个性化的改进建议,帮助他们在学习中不断进步。

教师应与学生保持密切联系,了解他们的学习需求和反馈。通过定期的沟通,教师可以及时了解学生的学习状况,调整个性化学习方案,确保学生能够在最适合的学习环境中取得最佳的学习成果。此外,学生也应主动与教师沟通,表达他们的学习需求和问题,以便教师能够更好地支持他们的学习。

第八章 有效数学教学资源的开发与利用

第一节 有效数学教学资源的类型与特点

一、有效数学教学资源的类型

（一）在线课程与讲座

在线课程和讲座是现代数学教学中不可或缺的资源类型。这些课程通常由学术机构或教育平台提供，涵盖了从基础数学到高级数学的广泛内容。在线课程往往包括录制的视频讲解、互动练习和测验等，学生可以根据自己的学习进度和需求随时访问。讲座则可能由专家学者进行，深入讲解某一领域的最新研究成果或数学理论。这些资源不仅提供了系统的知识体系，还可以通过互动式的内容增加学习的趣味性和参与感。

（二）数学软件与工具

数学软件和工具是支持数学教学和学习的重要资源。这类资源包括数学建模软件、计算器、图形绘制工具等。例如，Matlab、Mathematica 和 GeoGebra 是常用的数学建模和图形绘制工具，它们可以帮助学生进行复杂的计算和可视化操作，增强对数学概念的理解。这些软件通常配备了丰富的功能，支持从基础计算到高级建模的各种需求，使学生能够在实际操作中深入理解数学理论。

(三) 数字教材与电子书

数字教材和电子书是另一类重要的数学教学资源。与传统纸质教材相比，数字教材通常具有更强的互动性和多媒体功能。这些资源可以为学生提供更为生动和直观的学习体验。此外，电子书的可搜索性和便捷性使得学生能够快速找到所需信息，并且可以在不同的设备上进行阅读和学习。

(四) 互动模拟与虚拟实验

互动模拟和虚拟实验是现代数学教育中 increasingly popular 的资源类型。这些模拟和实验可以帮助学生通过实际操作理解复杂的数学概念。虚拟实验室可以让学生进行各种数学实验，模拟现实世界中的数学问题解决过程。通过这些互动模拟，学生可以在无风险的环境中进行试验和探索，增强对理论的实际应用能力。

(五) 教学视频与动画

教学视频和动画是帮助学生理解复杂数学概念的有效工具。教学视频通常由教师录制，讲解数学知识点、解题技巧或应用案例。动画则通过动态图形和视觉效果，将抽象的数学理论转化为直观的演示。利用动画展示函数图像的变化或几何图形的变换，能够使学生更容易把握概念的动态特性。这些资源能够将抽象的数学知识具体化，提高学生的学习兴趣和理解能力。

(六) 实践问题与案例研究

实践问题和案例研究是将理论知识应用于实际情境的有力工具。这类资源通常包括实际问题的解决方案、案例研究报告以及数学建模的实际应用实例。通过解决这些问题，学生可以将所学的数学知识应用于实际场景，培养问题解决能力和实际应用能力。

(七) 在线讨论区与社区

在线讨论区和社区是支持数学学习的互动平台。学生可以在这些平台上提出问题、分享学习经验、参与讨论和互相帮助。这类资源能够促进学生之间的交流与合作，增强学习的互动性和集体性。通过参与讨论区的交流，学生可以获得不同的观点和解决方案，深化对数学问题的理解，并从中获得学习的动力和支持。

(八) 教学辅助工具

教学辅助工具包括各种辅助教师准备和呈现教学内容的资源。教学用的数学模板、问题库、测试题以及教学策略指南等。这些工具可以帮助教师更高效地设计课程内容，评估学生学习效果，并提供针对性教学反馈。通过使用这些辅助工具，教师可以提升教学质量，使学生更好地掌握数学知识。

二、有效数学教学资源的特点

(一) 针对性与适用性

有效的数学教学资源应具有明确的针对性和适用性。这意味着资源需要针对特定的数学知识点或学习目标进行设计，以满足不同学习阶段和需求的学生。针对基础数学的资源应简明易懂，涵盖基础概念和基本技能；而针对高级数学的资源则需要深入讲解复杂理论和高级应用。这种针对性使得资源能够精准地解决学生在特定学习阶段遇到的难题，提高学习的效率和效果。

(二) 互动性与参与性

有效的数学教学资源应具有较强的互动性和参与性。互动性能够增加学生的学习参与感，使他们在学习过程中能够主动参与、提出问题和进行探讨。通过互动模拟、在线讨论区和实时反馈机制，学生可以与教师和同学进行即时交流和互动。

（三）直观性与易理解性

直观性和易理解性是有效数学教学资源的重要特点。数学理论和概念往往比较抽象，直观性强的资源能够将这些抽象的概念以图示、动画或实物模型的形式呈现，从而帮助学生更好地理解。利用图形计算器和动画演示数学公式和函数图像的变化，可以使学生更直观地感知数学概念的实际效果。这种易理解的特点能够降低学习难度，帮助学生更快掌握知识。

（四）系统性与完整性

有效的数学教学资源应具备系统性和完整性。系统性的资源组织严谨，内容结构清晰，能够按照知识点的逻辑关系进行层层递进的讲解。一套完整的数学教材应包括从基础到高级的各个知识模块，并提供相应的习题和练习，以帮助学生全面掌握数学知识。完整性则确保资源涵盖所需的所有知识点，避免遗漏关键内容，从而提供全面的学习支持。

（五）实用性与应用性

实用性和应用性是数学教学资源的另一个重要特点。有效的教学资源不仅提供理论知识，还应结合实际应用，帮助学生理解数学在现实世界中的作用。通过案例研究、实践问题和应用示例，学生能够看到数学如何解决实际问题，从而增强对数学知识的实际运用能力。实用性的资源能够让学生感受到数学学习的实际价值，提高学习的积极性和实效性。

（六）灵活性与适应性

灵活性和适应性是有效数学教学资源的核心特点。灵活的资源能够根据学生的不同需求和学习节奏进行调整,通过提供自适应的学习路径和个性化的学习计划,学生可以根据自己的能力和兴趣选择学习内容和进度。适应性强的资源能够满足不同学习风格和水平的学生需求,从而提供更个性化的学习体验。

(七) 技术支持与兼容性

技术支持和兼容性是现代数学教学资源不可忽视的特点。有效的教学资源应能与各种教学平台和设备兼容,能够在不同的操作系统和设备上顺利运行。这要求资源设计者提供良好的技术支持,并确保资源的稳定性和兼容性。此外,支持多种技术功能,如虚拟实验室、在线测验和互动工具,能够提升教学效果和学习体验。

(八) 更新性与时效性

更新性和时效性是数学教学资源的重要特点。数学知识和教学方法不断发展,资源需要与时俱进,及时更新和引入新的教学内容和技术。定期更新的在线课程和教材可以反映最新的数学研究成果和教学方法,保持教学内容的前沿性和现代性。时效性强的资源能够确保学生获得最新的知识和技能,提高教学的有效性和实用性。

第二节　有效数学教学资源的开发与设计

一、教学资源的需求分析

通过评估学生的现有知识水平,可以确定他们在哪些数学概念上需要额外帮助。兴趣的了解能够帮助设计出更具吸引力的资源,激发学生的学习积极性。对学生学习困难的掌握,可以帮助制定针对性支持措施,确保资源能够有效解决学生在学习中遇到的问题。在明确学生需求的基础上，接下来需要根据课程标准和教学大纲来界定教学资源应覆盖的知识点和技能。课程标准和教学大纲提供了对学习内容的全面要求，明确了教学目标和重点。通过对这些要求的详细分析，可以确保教学资源的设计既符合教学目标，又能够帮助学生系统性地掌握必要的数学知识和技能。

教师在实际教学中积累了大量的经验和反馈，他们对教学资源的实际使用效果具有直观认识。听取教师的意见可以帮助开发团队了解哪些资源形式和内容更能满足教学需求，以及在教学实施过程中可能遇到的挑战。这种反馈有助于优化资源的内容和形式，使其更加符合教学实际和教师的需求。综合以上信息，需求分析应涵盖三个主要方面：学生的数学基础和学习困难；课程标准和教学大纲的要求；教师的反馈和建议。这一过程不仅涉及数据的收集和分析，还需要对信息进行有效整合和应用，以指导后续资源的设计和开发。

通过深入的需求分析，可以为教学资源的设计提供明确的方向和基础。了解学生的需求和教师的建议，能够确保资源不仅具有针对性，还能够解决实际问题。同时，结合课程标准和教学大纲的要求，能够保证资源的全面性和系统性，使其在教学中发挥最大的作用。需求分析的结果将为教学资源的开发提供有力的支持，确保资源的设计与实际需求高度契合，进而提升教学质量和学生的学习效果。

二、教学资源的内容设计

设计教学资源的内容时，要确保覆盖课程中的所有重要知识点。这包括基础概念、核心定理以及应用问题。基础概念是学生理解后续内容的基石，定理则提供了解决复杂问题的工具，而应用问题则能够帮助学生将所学知识应用于实际情境中。因此，教学资源应系统地包括这些核心要素，确保学生在学习过程中能够获得全面的知识体系。这种分层设计能够帮助学生逐步掌握数学知识，从简单的基础概念开始，逐步过渡到复杂的定理和应用问题。初级资源可以包括基础概念的解释和简单的练习题，这些内容旨在帮助学生建立基本的数学框架。中级资源则可以引入定理的应用和较复杂的习题，逐步提升学生的解题能力。高级资源则包括综合性强的应用问题和实际案例，挑战学生的高阶思维能力。这种层次化的设计能够满足不同水平学生的需求，并帮助他们循序渐进地提升数学能力。

为了增强学习的趣味性和实用性，设计教学资源时还应结合实际生活中的数学问题。将数学知识与现实生活中的实际情境相结合，不仅能够提高学生的学习兴趣，还能帮助他们理解数学在实际中的应用。通过设计与日常生活相关的数学问题，如购物折扣计算、工程量测量等，学生可以看到数学如何解决实际问题。这种联系实际的设计不仅使学习更具趣味性，还能够提高学生的实际操作能力，使他们能够将所学知识运用于实际情境中。此外，教学资源的设计还应注重多样性，以适应不同学习风格和需求的学生。除了传统的文字讲解和习题外，可以增加视频讲解、互动练习和模拟实验等多种形式的资源。这些多样化的设计能够帮助不同类型的学生找到适合自己的学习方式。视频讲解可以为视觉型学生提供直观的学习资料，互动练习可以吸引喜欢动手操作的学生，而模拟实验则可以帮助那些通过实际操作学习的学生更好地理解数学概念。

三、教学资源的形式与媒介

传统的教学资源如教科书和练习册提供了系统的知识讲解和练习题，是基础教学的重要组成部分。教科书系统地阐述了数学概念、定理和应用方法，帮助学生建立全面的知识框架。练习册则通过大量的习题加深学生对知识的理解和运用能力。这些资源形式虽然传统，但其系统性和结构性依然在教学中发挥着关键作用。随着技术的发展，在线学习平台和互动软件成为现代教学的重要媒介。在线学习平台提供了丰富的学习资源，包括视频讲解、在线作业和即时反馈等功能。通过这些平台，学生可以在任何时间、任何地点进行学习，从而打破了传统课堂的时间和空间限制。互动软件则通过实时交流和协作功能，增强了学生与教师之间的互动。教师可以通过这些软件进行实时问答，学生可以在学习过程中获得即时的帮助和反馈。这种互动性极大地提升了教学的效果和学生的学习参与感。

数学游戏作为一种创新的教学资源形式，通过趣味性和互动性吸引学生的注意力。游戏化的学习方式不仅能提高学生的兴趣，还能够在轻松的环境中加深对数学概念的理解。通过设计与数学相关的游戏，如数学谜题、解谜游戏等，学生可以在解决实际问题的过程中掌握数学知识。游戏的设计应注重教育性与趣味性的平衡，使学生在愉快体验中实现有效学习。这些活动通过动手操作和实际探究，帮助学生更深刻地理解数学概念。实验活动可以设计成数学实验室活动，让学生通过操作实验设备或使用数学软件进行实验，从而掌握数学方法和技巧。项目活动则可以通过实际的数学问题解决项目，鼓励学生应用所学知识进行实际探究。

四、教学资源的评价与反馈

教师在实际课堂上使用教学资源时，可以观察到资源的实际运行情况及其对学生学习的影响。这种实际应用能够揭示资源在教学中的优势和不足，帮助我们了解哪些方面能够有效促进学生学习，哪些方面则需要改进。因此，教学资源的初步评估应通过真实的教学环境来进行，这样才能获得最准确的反馈信息。学生在使用教学资源时的反馈信息能够直接反映资源的有效性和实用性。通过收集和分析学生的意见，可以识别出资源中存在的问题，如内容不够明确、难度不适宜、互动不足等。教学资源的设计者可以有针对性地进行修改和优化，以提高资源的质量和教学效果。

教师是教学资源的主要使用者，他们的掌握程度直接影响到资源的有效性。培训可以帮助教师了解资源的功能和使用方法，掌握最佳的教学策略，以便更好地发挥资源的作用。培训可以包括教学资源的操作指南、最佳实践示例、常见问题解答等内容。通过系统培训，教师能够更加熟练地使用教学资源平台，从而提高教学质量。这些意见和建议可以通过问卷调查、课堂讨论、在线反馈等形式进行收集。学生的反馈不仅能提供对教学资源使用体验的直接信息，还能够揭示出潜在的改进需求。学生可能会对某些教学资源的内容深度、互动设计、应用案例等提出具体的建议。通过对这些意见的分析，教学资源的设计者可以及时了解学生的需求变化和对资源的期望，从而做出相应的调整。

五、教学资源的更新与维护

数学教育领域的知识和技术不断演进，新理论、新方法和新工具的出现为教学带来了新的可能性。教育工作者应定期跟踪相关领域的研究进展和技术创新，将这些新成果融入教学资源中。通过更新教学资源，可以保证内容的前瞻性和科学性，使学生能够接触到最新的知识和技能。这种不断更新不仅有助于提升学生的学习体验，也能够帮助教师保持教学内容的现代性和实用性。随着教育技术的快速发展，许多教学资源采用了数字化形式，如在线平台、电子教材和互动软件等。这些数字教学资源需要定期进行技术维护，以保障其正常使用。技术维护包括系统更新、故障排除和功能优化等内容，目的是确保教学资源在使用过程中稳定。及时解决技术问题能够避免教学中断，保证教师和学生能够顺利进行教学和学习活动。同时，技术支持团队应对教师和学生提供及时的帮助和指导，解决他们在使用过程中遇到的技术难题，从而提高教学资源的使用效率。

教学资源库是一个集中存放和管理教学资源的平台，它为教师和学生提供了一个便捷查找和使用资源的途径。资源库的建设应包括资源的分类、标注和检索功能，以方便用户根据需求快速找到所需的资源。可以按照学科、知识点、难度等级等对资源进行分类，并提供关键词搜索功能，以提高资源的查找效率。在维护资源库时，需要定期更新资源内容，添加新的教学资源，并删除过时或不再适用的资源。资源库的维护还应包括对资源使用情况的监测和分析，了解用户的需求和反馈，以不断优化资源库的内容和功能。应建立完善的质量评估机制，对教学资源进行定期审核，确保其内容的准确性和教学效果。教师和学生的反馈是质量控制的重要依据，定期收集和分析这些反馈信息，有助于发现和解决资源中的问题。通过质量控制，可以提高教学资源的整体水平，确保其能够有效地支持教学活动。

第三节 有效数学教学资源的整合与应用

一、有效数学教学资源的整合

（一）跨平台资源整合

在现代教育环境中，有效的数学教学资源整合需要实现跨平台的无缝对接。许多教学资源存在于不同的平台和格式中，如传统的教科书、电子书、在线课程和互动软件等。为了提高教学的效率和资源的利用率，应当将这些分散的资源整合到一个统一的平台上。这样可以确保教师和学生能够方便地访问和使用所有必要的资源。将电子教材与在线课堂功能结合，可以实现资源的集中管理和有效调度。此外，通过云存储和共享技术，可以将数学题库、教案和习题集等资源集中在一个平台上，供师生随时查阅和使用。这种整合不仅提高了资源的普及性，也增强了教学活动的连贯性和一致性。

（二）资源内容的优化整合

整合数学教学资源时，还需关注资源内容的优化。这包括将不同类型的资源进行有机结合，以形成系统化的教学内容。可以将理论讲解视频与相关的练习题结合，形成一个完整的学习单元。这样不仅有助于学生在学习过程中获得理论知识，还能够通过练习巩固所学内容。同时，结合案例研究和实际应用问题，可以将抽象的数学概念与实际情境联系起来，提高学习的趣味性和实用性。通过对资源内容的优化整合，可以为学生提供全面的学习支持，满足不同层次和需求的学习目标。

（三）教师和学生的反馈整合

教师在使用教学资源过程中可以提供关于资源有效性、适用性和改进建议的反馈，而学生的意见则可以反映资源的实际使用效果和学习体验。通过定期收集和分析这些反馈信息，可以发现资源中存在的问题。如果教师反馈某一资源的难度不适合课堂教学，可以对该资源进行难度调整；如果学生反馈某一部分内容难以理解，可以增加解释说明或辅导材料。将这些反馈整合到资源开发和改进过程中，可以确保资源更好地适应实际教学需求。

（四）教学资源的整合与教学目标对接

在资源整合过程中，确保资源与教学目标的一致性是至关重要的。每个教学资源都应明确其在实现教学目标中的角色和作用。某一资源可能专注于基础知识的传授，而另一资源则可能用于提高应用能力或解决实际问题。通过将资源整合到以教学目标为导向的框架中，可以确保资源的使用能够有效地支持课程目标的实现。制定清晰的教学目标，并将其作为资源整合的基础，可以帮助教师有针对性地选择和组织资源。

（五）多样化的资源整合

为了满足不同学生的学习需求，应当进行多样化的资源整合。不同的学生可能具有不同的学习风格和需求，有些学生可能更喜欢视觉学习，通过图像和视频进行学习，而有些学生则可能更倾向于动手操作，通过实践活动掌握知识。通过整合不同形式的资源，如视频讲解、互动软件、习题集和实践活动等，可以提高学习的个性化和针对性。

二、有效数学教学资源的应用

(一) 课堂教学效果的增强

在课堂教学中应用有效的数学教学资源可以显著提高教学效果。通过使用多媒体课件和互动演示工具，可以将抽象的数学概念可视化，使学生更易于理解复杂的理论。利用在线数学计算器和虚拟实验室，教师能够实时演示数学操作和实验结果，让学生在实际操作中掌握知识。此外，整合数学游戏和互动练习可以增加课堂的趣味性，提高学生的参与感。通过这些应用，教学内容变得更生动、直观，有助于激发学生的学习兴趣和提高学习效果。

(二) 自主学习的支持

有效的数学教学资源也能够支持学生的自主学习。提供电子教材、在线课程和自学指南，可以帮助学生在课外时间自主学习和复习。学生可以访问更加丰富的学习资源，如视频讲解、练习题和案例分析，自主安排学习进度和内容。此外，设立在线讨论区和答疑平台，允许学生在学习过程中提问和讨论，能够进一步支持自主学习。教师可以为学生提供个性化的学习建议和资源推荐，帮助他们在自主学习过程中找到适合自己的学习方式和资源。

(三) 课外辅导的提升

在课外辅导中，应用有效的数学教学资源可以针对性地解决学生的学习困难。利用在线辅导平台，教师可以与学生进行一对一的辅导，使用共享文档和白板工具帮助学生解决具体问题。提供在线习题和模拟测试，可以帮助学生在课外进行针对性练习和评估。此外，设计课外项目和实践活动，鼓励学生将课堂知识应用于实际问题，能够提升学生的实际操作能力和解决问题的能力。通过这些资源的应用，课外辅导的效果得到提升，学生能够在课外得到更多学习支持和帮助。

(四) 学习评估的优化

在学习评估中,应用有效的数学教学资源能够提高评估的全面性和准确性。使用在线测试工具和自动评分系统,可以实现即时评估和反馈,帮助教师及时了解学生的学习状况。通过分析学生在在线测验和作业中的表现,教师可以识别出学生的薄弱环节,进行有针对性教学调整。利用数据分析工具,可以对学生的学习进展和成绩进行系统化分析,为教学决策提供数据支持。有效的评估资源能够提升评估的效率和质量,帮助教师和学生更好地了解学习成果和改进方向。

(五) 教师专业发展的促进

有效的数学教学资源还可以促进教师的专业发展。提供教学资源的培训和技术支持,可以帮助教师掌握和应用新型教学工具和方法。通过参与教学资源的开发和共享,教师能够提升自身的教学设计能力和创新能力。此外,利用教学资源库和在线社区,教师可以与同行分享教学经验和资源,进行教学研究和讨论。这样不仅促进了教师的专业成长,也推动了教育实践的不断改进。教师的专业发展最终有助于提高教学质量,促进学生的学习成果。

(六) 家庭教育的支持

有效的数学教学资源可以为家庭教育提供支持。通过提供家庭作业指南和学习资源,家长能够更好地辅导孩子的学习。在线教育平台上的资源,如在线教程和视频讲解,可以帮助家长辅导和支持孩子的数学学习。此外,家长可以通过平台上的进度报告和学习分析,了解孩子的学习情况,及时给予帮助和指导。家庭教育的支持有助于构建学校与家庭之间的合作关系,共同促进学生的学业进步。

第四节　有效数学教学资源的评价与改进

一、有效数学教学资源的评价

(一) 教学效果的评估

评价数学教学资源的首要标准是其对教学效果的影响。有效的教学资源应能够帮助学生更好地理解和掌握数学知识。通过分析学生的学习成绩和课堂表现，可以评估资源的教学效果。通过监测学生在使用特定资源后的成绩变化，了解其对学习成果的影响。此外，教师可以通过课堂观察和学生反馈，判断资源在教学中的实际应用效果。有效的教学资源应能够促进学生的知识掌握，提高课堂互动，增强学生的学习动机。

(二) 学生的反馈和满意度

学生的反馈和满意度是评价数学教学资源的重要指标。收集学生对教学资源的使用体验、易用性、内容相关性和帮助程度的意见，可以了解资源是否满足他们的需求。通过问卷调查、访谈或在线反馈系统，获取学生的真实反馈。学生满意度高的资源通常具有良好的易用性和适应性，能够满足不同学生的学习需求。通过分析学生的反馈，可以识别出资源中的优缺点。

(三) 资源的适用性和可操作性

教学资源的适用性和可操作性也是评价的重要方面。有效的资源应能够适应不同的教学环境和学生群体。数学教学资源需要与课程标准和教学大纲相匹配，确保涵盖必要的知识点和技能。同时，资源应具有良好的操作性，教师和学生能够方便地使用。

（四）资源的更新与维护

评价数学教学资源时，还需关注其更新和维护情况。有效的教学资源应能够随着教学需求和技术发展的变化进行更新。数学教材和练习题应定期进行修订，以反映最新的教学内容和方法。同时，数字资源需要技术支持和维护，确保其功能的正常使用。定期检查资源的更新情况和技术支持，可以保证资源的持续有效性和适用性。

（五）教师的专业发展支持

有效的数学教学资源应能够支持教师的专业发展。资源可以提供教学方法的指南、教学技巧的培训和教学案例的分享。通过分析教师在使用资源中的体验和成长，可以评价资源对教师专业发展的支持程度。教师在应用资源过程中获得的技能和知识提升，也是评价资源有效性的一个重要方面。有效的资源应能够帮助教师提高教学能力，推动教育实践的改进。

（六）成本效益分析

资源的成本效益也是评价的重要考量。有效的数学教学资源应在满足教学需求的同时，具备合理的成本。成本包括购买、维护、培训等费用。通过成本效益分析，可以判断资源的性价比，确保资源在预算范围内发挥最大效益。考虑资源的长期使用价值和对教学的实际贡献，可以评估其经济合理性。

（七）教学资源的兼容性和整合性

有效的数学教学资源应具有良好的兼容性和整合性。数学资源应能够与现有的教学平台和工具兼容，便于教师和学生进行有效整合。同时，资源之间的整合性也很重要，将教学视频、练习题和评估工具结合在一个平台上，能够提高资源的整体效益。评估资源的兼容性和整合性，可以判断其在多种教学环境中的适用性。

二、有效数学教学资源的改进

(一) 根据学生反馈调整内容

学生反馈是改进数学教学资源的重要依据。教师应定期收集学生对教学资源的意见，包括资源的易用性、内容的适宜性和学习的难易程度。通过问卷调查、在线反馈和课堂讨论等方式，了解学生在使用资源过程中的困难和需求。基于这些反馈，调整和优化资源内容。增加对某些数学概念的详细解释，设计更多的练习题来强化特定技能。通过响应学生的反馈，资源可以更好地符合学生的实际学习需求。

(二) 引入最新教学技术

随着科技的发展，新的教学技术不断涌现。为了保持教学资源的现代性和有效性，需要引入最新的教学技术。利用虚拟现实（VR）和增强现实（AR）技术创建沉浸式数学学习环境，使用人工智能（AI）技术提供个性化的学习建议和即时反馈。更新资源中的技术元素可以提升教学的互动性和趣味性。定期跟踪教育技术的发展趋势，并将适用的新技术集成到教学资源中，是改进资源的重要措施。

(三) 丰富资源形式和媒介

为了满足不同学习风格和需求，应丰富教学资源的形式和媒介。除了传统的教科书和练习册，还可以开发互动电子书、视频教程、在线测验和数学游戏。提供多样化的资源形式帮助学生以不同的方式接触和理解数学知识。设计多媒体资源时，可以结合动画、图形和声音等元素，使学习内容更生动、有趣。同时，通过资源库的建设，方便教师和学生获取和使用各种形式的教学资源。

(四）增强资源的个性化和适应性

教学资源应具备个性化和适应性的特点，以满足不同学生的需求。根据学生的能力水平和学习进度，提供个性化的学习路径和资源推荐。为基础较弱的学生设计更多的入门级资源，为进阶学习者提供挑战性更大的任务。利用数据分析工具跟踪学生的学习行为和成绩表现，根据数据调整资源内容和难度。个性化的资源能够帮助学生在自己的学习节奏下进行有效学习。

(五）加强资源的整合与互动

提升教学资源的整合性和互动性，可以促进学生的主动学习和合作学习。设计整合多种资源的平台，将课件、练习题、视频和讨论区整合在一个在线学习平台中，提供全面的学习支持。增强资源的互动性，通过在线讨论、即时反馈和协作项目，鼓励学生之间的互动和合作。通过资源整合和互动，能够创建一个更加全面和有效的学习环境，支持学生的综合发展。

(六）定期进行资源的评估与修订

定期对教学资源进行评估和修订，以确保其持续有效性。设立评估机制，定期检查资源的使用效果，分析学生的学习成绩和反馈。更新和修订资源内容，修正其中的不足之处。通过系统的评估与修订，能够保持资源的现代性和相关性，确保其与教学目标和学生需求的匹配。定期的资源更新能够提升资源的质量和适用性，满足不断变化的教学需求。

(七）提供教师培训和支持

教师的使用能力对教学资源的效果有重要影响。提供针对性教师培训和支持，帮助教师更好地掌握和应用教学资源。培训内容可以包括资源的使用方法、教学策略、技术支持等方面。通过建立资源支持团队和在线帮助中心，为教师提供技术支持和教学建议。教师的专业能力和资源使用技巧的提升，能够进一步提高教学资源的有效性和教学质量。

（八）增强资源的可持续性和经济性

改进教学资源时，还需关注资源的可持续性和经济性。选择可持续的开发和维护方案，使用开源软件和共享资源，以降低成本。设计和开发教学资源时，考虑长期使用的经济效益，确保资源的投入产出比。通过评估资源的经济性和可持续性，优化资源的开发和维护策略，确保资源在长期使用中的经济合理性和稳定性。

第九章 有效数学教学中的师生互动

第一节 有效数学师生关系对教学效果的影响

一、增强学生的学习动机

在良好的师生互动中，学生会体验到一种安全感和归属感，这种情感支持直接激发了他们的学习兴趣和热情。当教师与学生之间的关系融洽时，学生更容易信任教师，并对课堂内容产生积极的态度。教师的关心和鼓励使学生感到被重视。这种自信心的增强，不仅提升了学生对自己学习能力的认同，也促使他们在学习中更加积极主动。教师通过倾听学生的意见和反馈，能够了解学生的学习进展和困难，并据此提供个性化的指导。这种针对性的支持，使得学生在面对学习挑战时，更有动力去克服困难。定期积极反馈，不仅帮助学生识别和巩固他们的进步，也激励他们继续努力。教师的关注和支持，为学生营造了一个充满鼓励和激励的学习环境，使他们在面对学科挑战时感到更加有信心。

学生在一个积极向上的环境中，会主动参与课堂活动和课外学习。教师的正向激励能够让学生愿意投入更多时间和精力去学习，并在学习过程中体验到乐趣。这种积极的学习态度和主动参与，不仅提升了课堂的互动性，也增强了学生的学习成果。教师与学生之间的良好关系，使得学习不再是单纯的任务，而是一个充满挑战和乐趣的过程，从而促进学生的全面发展。此外，有效的师生关系还能够减少学生在学习过程中的焦虑和压力。良好的师生互动为学生提供了心理支持，使他们能够以更加放松的心态面对学习中的困难和挑战。这种心理上的稳定，能够进一步提升学生的学习动机，使他们在学习过程中更加专注和积极。总的来说，教师通过建立与学生的良好关系，能够有效地激发学生的学习动力。

二、改善学生的学习态度

当学生与教师之间建立了积极的互动关系，学生通常会对课堂内容持有更加积极和开放的态度。这种关系的建立往往伴随着教师的鼓励和支持，能够有效地帮助学生克服对学科的恐惧和不自信。特别是在面对像数学这样较为抽象和难度较高的学科时，教师的鼓励能够显著降低学生的焦虑感，使他们更愿意接受挑战并进行深入学习。教师通过积极互动和支持能够帮助学生克服内心的不安。这种积极的支持让学生感受到学习的乐趣，从而在面对复杂的数学问题时保持积极的态度。学生在这样的环境下，能够以更加开放的心态接受新知识，并主动参与到学习过程中，这种态度的转变对于他们的学习效果有着直接的积极影响。

教师通过与学生建立信任关系，使学生感到被重视和理解，从而更愿意投入时间和精力在学习上。学生在一个充满支持和鼓励的环境中，能够更加专注于课堂内容，积极参与讨论和活动，这种态度的改善直接提升了他们的课堂参与度和学习积极性。持续努力和积极的学习态度，使得学生在学习过程中能够更好地掌握知识。当学生在学习中遇到困难时，教师能够及时给予帮助和建议，这种针对性的支持有助于学生克服难点，增强对学科的信心。随着学生对数学学科的信心提升，他们的学习态度也会变得更加积极，从而更加主动地投入到学习活动中去。这种积极的学习态度不仅提升了学生的自我效能感，还推动了他们在学习上的进步。

三、促进课堂互动与参与

在和谐的师生关系中，学生更愿意主动发言、提问和参与讨论。这种积极的课堂互动往往源自教师营造的开放和尊重的课堂氛围。当教师鼓励学生自由表达观点和提出疑问时，学生会感到自己的意见被重视，从而更积极地参与到课堂活动中。这种参与感不仅增强了学生的课堂互动，也提升了他们对知识的理解和应用能力。教师通过创建一个包容和支持的环境，可以有效地激发学生的参与欲望。在这种环境下，学生更容易放下对自己发言的顾虑，主动分享他们的想法和问题。教师的正向反馈和鼓励能够进一步提升学生的自信心，使他们在课堂上更为积极主动。这种积极的互动方式不仅有助于学生更好地掌握知识，还促进了他们的思维能力和表达能力的提升。学生在互动中能够接触到不同的观点和思维方式，从而拓宽了他们的知识视野。

教师通过设计互动活动，如小组讨论、案例分析等，可以使学生在参与中深入理解和掌握知识。这样的互动方式打破了传统教学中单向的知识传递模式，激发了学生的学习兴趣和积极性。学生在这种互动过程中，不仅能够加深对课程内容的理解，还能提高他们的思维灵活性和解决问题的能力。此外，频繁的课堂互动能够帮助教师及时了解学生的学习状态和理解程度。通过学生的提问和参与，教师可以实时把握课堂的教学效果，调整教学策略以满足学生的实际需求。这种及时的反馈机制使得教学过程更加动态和灵活，有助于提高整体的教学效果。有效师生互动，不仅使课堂氛围更加活跃，也增强了学生的学习体验和知识掌握能力，从而提升了教学效果的整体质量。

四、提高个性化教学的效果

教师通过与学生建立密切的互动，可以更全面地了解学生的个性特点和学习需求。这种了解能够帮助教师制定更具针对性的教学策略，从而更好地满足学生的个别需求。教师在与学生的交流过程中，能够识别出学生在数学学习中的优势与不足。这种深入的了解使得教师可以为每位学生提供个性化的教学支持，帮助他们在自己的节奏下进行有效学习。通过与学生的日常沟通和观察，教师能够获得关于学生学习进展和困难的宝贵信息。这种信息的获取使得教师能够及时调整教学方法和资源。对于那些在某些数学概念上表现出色的学生，教师可以提供更具挑战性的任务；而对于那些遇到学习困难的学生，教师则可以提供额外的辅导和支持，帮助他们克服阻碍。这种个性化的教学策略能够帮助学生在自己舒适的学习节奏下有效掌握知识，从而显著提高教学效果。

通过建立良好的师生关系，教师能够为学生提供更多关注和反馈。这种个别指导可以帮助学生更清晰地了解自己的学习目标和进步方向，同时为他们提供具体的改进建议。这种个性化的指导能够有效地解决学生在学习过程中遇到的问题，提高学业成绩。教师可以通过定期的个别辅导会话，针对学生在数学学习中遇到的具体问题进行深入分析和解答。良好的师生关系使得教师能够了解学生的兴趣和学习风格，从而提供符合他们个人需求的学习资源和活动。这种资源的个性化配置可以鼓励学生自主选择学习内容和方式，增强他们的学习动力和自我管理能力。

五、增强学生的自我管理能力

当教师与学生建立了互信的关系时，学生更容易接受教师的建议和指导，从而提升其自我管理能力。良好的师生互动可以为学生提供必要的支持和反馈，帮助他们在学习过程中设定合理的目标和计划。教师可以通过与学生的交流，了解他们的学习需求和目标，进而为学生提供个性化的建议和指导。这种指导不仅帮助学生设定切实可行的学习计划，还能够引导他们制订合理的学习目标。教师通过与学生的互动，能够为学生提供及时的反馈，帮助他们调整学习策略。有效反馈机制使得学生能够不断改进自己的学习方法，逐步养成良好的学习习惯。当学生遇到困难或出现学习进展缓慢时，教师可以及时提供具体的改进建议，帮助他们找到解决问题的方法。这种反馈不仅提高了学生的学习效率，还能够帮助他们培养自我监控和调整的能力，从而增强自我管理能力。

教师通过建立互信的关系，可以鼓励学生自主制定学习计划和目标。学生在这种支持和鼓励下，更愿意主动进行学习和自我管理。教师可以帮助学生制定短期和长期的学习计划，并定期检查他们的进展情况。这种做法不仅提升了学生的学习自主性，还能够促使他们更好地安排学习时间。良好的师生关系能够增强学生的自信心，使他们在遇到学习困难时不轻言放弃。教师的鼓励和支持可以帮助学生克服挫折，提高他们的抗压能力和解决问题的能力。这种积极的心理支持使学生在学习过程中更有动力，更愿意主动调整自己的学习策略和方法，从而提升自我管理能力。

六、提供支持和反馈

建立在信任和尊重基础上的师生关系，使教师能够更准确地识别学生在学习中的困难，并及时给予帮助。这种信任关系使学生更愿意向教师寻求帮助，从而使教师能够更深入了解学生的学习状况。教师能够在这种情况下提供针对性支持，为那些在特定数学概念上遇到困难的学生制定个性化的辅导计划。教师通过定期的评估和反馈，可以帮助学生更清楚地认识到自己的学习进展和不足。这种反馈不仅仅是对学生作业和测试结果的评价，更包括对他们学习态度和努力程度的全面分析。教师通过具体的反馈，能够指出学生在学习中的优点和不足之处，帮助他们明确改进的方向。这种及时的反馈使学生能够在了解自己表现的同时制订出切实可行的改进措施，进一步提升学习效果。

教师通过正向的反馈和鼓励，能够增强学生的自信心和学习动力。当学生在某个难题上取得进展时，教师的积极评价可以让他们感受到自己的努力得到认可，从而增强继续学习的动力。有效的反馈不仅能够纠正学生的错误，还能够激发他们在学习中的积极性，使他们愿意在未来的学习中付出更多的努力。教师提供的支持和反馈还能够帮助学生建立自我反思的能力。通过教师的指导和建议，学生能够学习如何自我评估和自我改进。教师可以引导学生在完成作业后，主动进行自我检查和反思。这种能力的培养使学生能够在学习过程中不断自我调整。

七、促进学生的心理健康

建立在互信和尊重基础上的师生关系能够显著缓解学生的学习压力和焦虑。在一个支持性的课堂环境中,学生能够感受到教师的关心和理解,这种情感支持不仅有助于减轻学生的心理负担,还能够增强他们的心理韧性。教师的积极关注可以帮助学生在面对学习挑战时保持冷静,并逐步学会应对压力的方法。教师可以及时了解他们的情感需求,并提供必要的支持和鼓励。学生在感受到教师的关注和支持时,会建立起更强的自我认同感和信心。这种心理上的安全感和支持感能够使学生更好地管理自己的情绪,从而减少学习过程中出现的焦虑和沮丧。教师的积极反馈和鼓励能够增强学生的自尊心,提升他们的学习动力和心理健康水平。

在与教师的互动过程中,学生能够学习到如何更好地应对学习中的挫折和压力。教师可以通过情感教育和心理辅导,引导学生学会有效的情绪调节技巧。教师可以传授学生如何进行正念练习或情绪调节策略,帮助他们在面对学业压力时保持心理平衡。健康的心理状态能够使学生在学习过程中保持良好的专注力,减少因心理问题导致的学习困难。教师通过建立积极的师生关系,能够帮助学生维护稳定的心理状态,从而提高学习效率和质量。

八、加强师生之间的信任与尊重

当教师与学生之间存在相互尊重和信任时,学生通常会更加愿意接受教师的指导和建议。这种信任不仅体现在日常的教学互动中,还在于教师的公正评价和公平对待。教师通过公平、公正地处理课堂事务、进行评估和反馈,可以赢得学生的尊敬,从而为积极的师生互动奠定基础。教师的尊重体现在对学生个性、意见和需求的重视上。当教师能够尊重学生的意见,理解他们的个体差异,并根据学生的具体情况调整教学方法,学生自然会对教师产生更多的信任。这种信任感使学生在学习过程中更加愿意主动参与课堂讨论,表达自己的观点,并接受教师的指导。教师的尊重和理解还能够增强学生的自我效能感，使他们在面对挑战时更加自信。

在良好的师生关系中，信任和尊重有助于减少课堂冲突和提升课堂纪律。当教师与学生之间的互动建立在相互尊重的基础上，学生通常会更加尊重教师的权威，遵守课堂规则，减少不必要的冲突。这种和谐的课堂氛围能够为学生提供一个更加稳定和积极的学习环境，有助于提升他们的学习专注力。教师通过尊重学生的个体差异，鼓励他们发挥特长，能够激发学生的学习兴趣和动力。学生更容易投入学习，积极参与课堂活动。良好的师生关系能够帮助学生在课堂上形成良好的学习习惯，增强他们的学习热情和主动性，从而提升整体教学效果。

第二节 有效数学师生沟通的策略

一、建立开放的沟通渠道

（一）定期面对面交流

定期面对面的交流为学生提供了直接与教师沟通的机会。教师可以安排每周或每月的办公室时间，让学生在这一时段内自由来访，讨论他们在课堂上遇到的问题或分享他们的学习进展。这种面对面的交流有助于建立信任关系，使学生能够更加坦诚地表达他们的疑虑和需求。此外，教师通过亲自与学生交谈，可以更准确地了解学生的困惑和学习阻碍，从而提供有针对性指导和支持。

（二）电子邮件和即时通信

电子邮件和即时通信工具提供了便捷的沟通方式，使教师和学生能够随时交换信息。教师可以通过电子邮件回复学生的疑问,提供额外的学习资源或指导。此外,使用即时通信工具(如微信、QQ 群等)可以实现实时沟通,教师能够快速回应学生的问题或讨论课程内容。这种灵活的沟通方式使学生能够在课外时间也能获得帮助,解决学习上的即时问题,提升学习效率。

(三)在线讨论平台

在线讨论平台如学习管理系统(LMS)或教育应用程序中的讨论区,为学生提供了一个方便的交流环境。教师可以在这些平台上发布课程公告、组织讨论话题,学生则可以在平台上发表自己的看法,提出问题或与同学进行讨论。这种平台不仅便于教师与学生之间的互动,还鼓励学生之间的合作学习。通过在线讨论,学生能够从不同的观点和经验中获益,同时教师也可以了解学生对课程内容的理解情况和互动需求。

(四)设置辅导时间与咨询时段

设置专门的辅导时间或咨询时段是建立开放沟通渠道的另一种有效方式。教师可以在每周安排一定的时间专门用于解答学生的疑问或进行一对一的辅导。这些时段可以帮助学生解决在学习过程中遇到的问题,同时教师也可以在辅导过程中了解学生的个体差异和需求。此外,这种安排能够减少学生在课堂上由于未能及时解决问题而产生的焦虑,提高他们的学习积极性和参与度。

二、主动倾听学生的意见和反馈

(一)使用问卷调查收集反馈

问卷调查是收集学生意见和反馈的有效工具。教师可以设计涵盖课程内容、教学方法、课堂氛围等方面的问卷,以了解学生的真实感受和需求。这些问卷可以定期发放,以便教师及时掌握学生的学习体验和对教学的看法。通过量化的数据，教师能够准确分析学生的反馈，发现课程中存在的问题或不足。问卷调查的匿名性还可以鼓励学生更加诚实地表达自己的真实意见，避免了面对面沟通中可能出现的顾虑和压力。

（二）组织小组讨论和班级会议

小组讨论和班级会议为学生提供了一个互动性强的平台，使教师可以直接听取学生的意见和建议。教师可以定期组织小组讨论，邀请学生参与，探讨他们对课程内容、教学方法等方面的看法。学生能够在相对轻松的环境中提出自己的意见，并与同学分享他们的学习经历。班级会议也是一种有效的反馈机制，教师可以利用这种机会总结学生的反馈，讨论改进方案，并与全班学生共同探讨如何提高学习效率。这种互动不仅增强了学生的参与感，还促进了集体的学习氛围。

（三）进行一对一的个人谈话

教师可以通过安排一对一的谈话，直接与学生沟通，了解他们在数学学习中的具体困难和需求。这种谈话通常更为私密，能够让学生在没有压力的情况下表达出他们的真实想法。教师通过一对一的交流，可以针对学生的个体差异，提供更加个性化的指导和建议。此外，一对一的个人谈话还可以帮助建立师生之间的信任关系，让学生感受到重视和关怀，从而更加积极地参与学习。

三、使用清晰、简洁的语言

（一）避免过度专业术语

教师应避免使用过于复杂的术语，因为这些术语可能使学生感到困惑。应优先使用学生熟悉的日常语言，简化数学概念的表达。例如，当讲解"多项式"时，可以先从"加法、减法、乘法的组合"开始解释，而不是直接使用专业术语。这种方法能够帮助学生更容易地理解复杂的概念，并逐步建立起对数学语言的认识和掌握。

（二）利用具体示例和图示

为了使抽象的数学理论变得易于理解，教师应通过具体的示例和图示进行讲解。例如，在解释函数图像时，教师可以通过绘制图形并逐步讲解各部分的含义，使学生能够直观地看到理论的应用。具体示例能够将抽象的概念具体化，帮助学生将理论与实际问题联系起来，从而更好地掌握知识点。

（三）简明扼要回答问题

当学生提出问题时，教师应尽量提供简明扼要的回答，直击问题的核心。这可以帮助学生快速获得所需的信息，避免因过多的细节而产生混淆。当学生询问某个数学公式的应用时，教师可以用一句话总结其用途，并结合具体例子进行解释，而不是长篇大论地讲解相关理论。这种方式能够提升学生对答案的理解和记忆，增强学习的效率。

（四）定期总结重点内容

在教学过程中，教师应定期总结课程的重点内容，并用简洁明了的语言讲述。这种总结可以帮助学生回顾和巩固所学知识，同时明确每个知识点的关键要素。在每节课结束时，教师可以用几句话概括课程的核心概念和主要问题，这不仅帮助学生理清思路，还能提高他们的学习效果和记忆力。

四、鼓励积极互动和提问

（一）设计互动式课堂活动

教师可以通过设计各种互动式课堂活动来激发学生的主动性，组织讨论、问答和案例分析等。这些活动不仅能让学生有机会表达自己的观点，还能促使他们深入思考数学问题。比如，在讲解数学定理时，教师可以设置小组讨论环节，让学生围绕定理的应用展开讨论，并分享自己的理解和疑问。这种互动方式不仅加深了学生对知识点的掌握，也提升了他们的参与感和课堂积极性。

（二）鼓励学生提出问题

教师应积极鼓励学生在课堂上提出问题，确保学生在遇到困惑时能够及时获得帮助。教师可以设立"提问时间"或"问题箱"，鼓励学生在课前或课堂中提交问题。在课堂上，教师应对学生提出的问题给予充分重视，耐心解答，并鼓励其他学生参与讨论。这种做法不仅能够帮助学生解决学习中的疑问，还能激发他们的求知欲和思维能力，进一步增强课堂的互动性和参与感。

（三）促进学生间的合作和交流

通过促进学生之间的合作和交流，教师可以创造一个积极的学习环境，增强学生的互动。教师可以设计小组活动，让学生在小组内合作解决数学问题，并进行成果展示。这种合作模式能够鼓励学生互相学习，分享不同的解决思路和方法。通过小组讨论和合作，学生不仅能够获得更多的学习支持，还能培养团队合作和沟通技巧。

五、提供建设性的反馈

（一）具体且详细反馈

教师在评估学生的作业和测试时，应提供具体且详细的反馈。这意味着不仅要指出学生的错误，还要解释错误的原因，并提供解决方法。教师可以在作业批改时，逐条指出学生的错误，详细解释每个错误的原因，并提供正确的解题思路或方法。这种详细的反馈帮助学生明确自己的不足之处，理解错误原因，从而在以后的学习中避免类似问题。

(二) 强调优点与进步

建设性反馈不仅仅是批评错误，也应关注学生的优点和进步。教师应在反馈中指出学生的优点和成功之处，以激励学生继续努力。教师可以称赞学生在某个部分的表现，强调他们在解决问题时的创新思路或准确计算。这种积极的反馈能增强学生的自信心，使他们认识到自己的长处，从而激发学习动力和兴趣。

(三) 提供改进建议

针对学生在作业或测试中出现的问题，教师可以给出具体的改进措施或学习策略。例如，如果学生在解题过程中存在逻辑错误，教师可以建议他们重新审视解题步骤，或推荐一些相关的练习题来巩固理解。明确改进建议帮助学生了解如何有效提高，从而更有针对性地进行学习和调整。

(四) 鼓励自我反思

通过引导学生回顾自己的作业或测试，教师可以帮助学生发现自身的学习盲点。教师可以在反馈中提出一些引导性问题，促使学生思考为什么会出现这些错误，以及如何避免这些问题。自我反思能够帮助学生加深对知识的理解，并形成良好的学习习惯。

(五) 定期跟进进展

教师应定期跟进学生的进展，并基于之前的反馈进行调整和更新。在每次作业或测试后，教师可以安排时间与学生讨论他们的进步情况，并根据最新的学习表现提供新的反馈。这种持续的跟进能够帮助学生看到自己的成长轨迹，并在学习中不断调整和改进，提高整体学习效果。

六、建立信任关系

（一）以诚实和公正对待学生

建立师生之间的信任关系的第一步是以诚实和公正的态度对待学生。教师应始终坚持公正的教学和评估标准，不偏袒任何学生，并在教学过程中保持透明。教师在评分时应清楚地解释评分标准，并对每位学生提供公平的评价。诚实的反馈和公正的处理能够让学生感受到教师的正直和可信赖，从而建立起信任关系。

（二）尊重学生的观点和感受

教师应倾听学生的意见和建议，即使这些意见与自己的观点不一致，也要给予尊重。教师应鼓励学生表达自己的想法，并认真考虑他们的观点。这种尊重能够让学生感到自己被重视，从而愿意与教师分享更多的想法和问题，进一步增强师生之间的信任感。

（三）分享个人经历和挑战

教师通过分享自己的学习经历，能够与学生建立情感上的联系，从而增强信任。教师可以讲述自己在学习过程中遇到的困难以及如何克服这些困难的故事。这不仅能够帮助学生感受到教师的理解和关怀，还能够激励他们面对自己的挑战。这种分享能够打破师生之间的隔阂，促使学生更愿意向教师寻求帮助和支持。

（四）关注学生的个别需求和困难

建立信任关系还需要教师关注学生的个别需求和困难。教师应主动了解每位学生的学习情况和个人背景，并根据学生的实际情况提供适当的支持。教师可以通过与学生的一对一交流，了解他们在学习中的具体困难，并提供针对性帮助。这种个性化的关怀能够让学生感受到教师的真诚关怀，从而建立起更加牢固的信任关系。

七、使用多样化的沟通工具

（一）教育应用程序的应用

在中国，教育应用程序的使用越来越普及，这些应用程序为师生提供了便捷的沟通和学习平台。教师可以通过应用程序如"钉钉""作业帮"等，发布课程内容、布置作业和进行实时反馈。钉钉的群聊功能允许教师即时发布通知和解答学生的疑问，学生也可以通过应用程序提交作业和查看成绩。这些工具不仅提高了师生之间的信息传递效率，还增强了课堂外的互动和支持，帮助学生更好地管理自己的学习任务。

（二）在线讨论论坛的整合

中国的教育环境中，在线讨论论坛如"知乎教育板块"和"百度知道"被广泛应用于课堂讨论和学术交流。教师可以在这些平台上设立专门的讨论区，鼓励学生就课堂内容提出问题和参与讨论。教师可以创建课程专题讨论区，让学生针对特定的数学问题展开深入讨论。这种方式不仅拓宽了学生的学习视野，还促进了学生之间的合作与交流，有助于学生在课堂之外进行知识扩展和疑难解答。

（三）学习管理系统（LMS）的运用

高校和中小学广泛采用学习管理系统（LMS），如"智慧树""慕课"等，作为教学管理和沟通的工具。教师可以通过LMS上传课程资料、设置在线测验和作业，并进行评估和反馈。LMS通常包括讨论板和消息系统，允许教师与学生进行及时沟通。通过"智慧树"，教师能够实时监控学生的学习进度，及时解决学生在学习中遇到的问题。这种系统化的管理和沟通方式提高了教学效率和学生的学习体验。

(四) 实时聊天工具的利用

实时聊天工具如"微信"和"QQ"也被广泛应用于师生之间的沟通。教师可以通过微信群或 QQ 群，组织班级讨论、解答学生问题和分享学习资源。教师可以在微信群中进行在线答疑，及时回应学生的疑问。此外，这些实时聊天工具还支持文件传输和语音通话功能，使得师生之间的互动更加便捷和高效。通过实时聊天工具，教师可以更好地了解学生的学习状态，并给予及时反馈和指导。

第三节 有效数学师生互动中的常见问题及解决

一、有效数学师生互动中的常见问题

(一) 沟通不畅

沟通不畅是师生互动中常见的问题。这种情况通常表现为学生无法清楚地表达他们的问题和困惑，教师能理解学生的需求。学生可能因为害怕表现自己的不足而不愿意主动提问，而教师则可能没有足够的时间或精力去充分了解每位学生的情况。沟通不畅不仅影响了教师对学生问题的掌握，还可能导致学生对课堂内容的理解不足，从而影响学习效果。

(二) 反馈不及时或不具体

有效的反馈对于数学学习至关重要，但在实际教学中，反馈不及时或不具体的问题较为常见。教师可能因繁重的教学任务而未能及时批改作业或进行个别反馈，或者反馈内容过于简略，未能针对学生的具体问题进行深入分析。这

种情况会导致学生无法及时纠正错误，或对自己的学习进展感到困惑，从而影响他们的学习动力和信心。

（三）师生关系紧张

在某些情况下，师生之间的关系可能会出现紧张，进而影响互动效果。师生关系紧张可能源于教师的严格管理方式、学生的行为问题或课堂管理不善。紧张的师生关系可能导致学生对教师的意见持保留态度，不愿意积极参与课堂活动或提出问题。这种情况不仅会影响学生的课堂表现，也会妨碍师生之间的有效沟通和互动。

（四）教学方法单一

当教师仅使用传统的讲授方法，而忽视了与学生的互动，可能会导致学生对数学学习的兴趣减退。过度依赖讲解和板书，缺乏讨论、合作学习或实践活动，可能会使学生感到课堂内容枯燥乏味。这种情况会减少学生的参与感和主动性。

（五）学生参与度不足

学生参与度不足是有效师生互动中的一个重要问题。有时候学生由于缺乏自信、对内容不感兴趣或课堂气氛不够开放，而不愿积极参与讨论和互动。这种参与度不足不仅限制了学生的思维发展，也减少了他们与教师和同学之间的互动机会，从而影响了整体的学习效果和课堂氛围。

（六）信息技术应用不当

在现代教学中，信息技术的应用对师生互动至关重要，但其应用不当可能会出现问题。使用的在线平台可能存在技术问题，教师和学生对平台的操作不熟练，导致沟通障碍或信息传递不畅。这种情况会影响师生之间的互动效率和质量，制约教学效果的提升。

二、有效数学师生互动中的解决方法

(一) 提升沟通渠道的多样性

为了解决沟通不畅的问题，教师应主动拓宽沟通渠道。可以通过多种方式如定期的面对面交流、电子邮件、教学平台内的消息系统等，确保学生有多个途径表达疑问和反馈。设立固定的问答时间或咨询时段，鼓励学生在课外时间也能提出问题。结合在线讨论论坛或即时消息工具，教师能够随时解答学生疑问，进一步打破沟通障碍，提高师生互动的效率和质量。

(二) 提供及时和具体的反馈

针对反馈不及时或不具体的问题，教师应在作业和测试之后尽快进行批改。反馈内容应具体而有针对性，指出学生的优点和改进之处。通过设立反馈机制，教师可以帮助学生发现自己的问题。此外，利用教育技术工具，如在线作业批改系统和反馈平台，也可以提高反馈的及时性和有效性。

(三) 促进积极的师生关系

为了解决师生关系紧张的问题，教师应注重建立和维护积极的师生关系。教师需要以尊重和理解的态度对待每位学生，避免偏见和不公平对待。教师应通过主动倾听、关心学生的情感需求和提供支持，建立信任关系。通过组织团队活动、班级建设等方式，增进师生之间的了解和互动，创造一个和谐、平等的学习环境，有助于缓解紧张关系。

(四) 丰富教学方法

为解决教学方法单一的问题，教师应在课堂教学中引入多样化的教学策略。除了传统的讲授，还可以采用小组讨论、案例分析、互动式游戏等方式，增加课堂的趣味性和互动性。组织学生进行数学问题的讨论、解决实际问题的项目任务等，能够提高学生的参与度和主动性。通过灵活运用多种教学方法，教师能够激发学生的学习兴趣，并促进更有效的学习互动。

（五）提高学生的参与度

为解决学生参与度不足的问题，教师应采取措施激发学生的课堂参与和积极性。创建一个开放的课堂氛围，鼓励学生提出问题和分享意见。利用激励措施，如表扬、奖励机制等，激发学生的学习动力和参与感。设计互动性强的课堂活动，如讨论会、角色扮演等，能够提高学生的参与度。此外，教师应关注学生的兴趣和需求，调整课堂内容和形式，以提升学生的课堂参与积极性。

（六）合理应用信息技术

为了解决信息技术应用不当的问题，教师应确保技术工具的有效使用。选择可靠和易于操作的教学平台，并进行培训，以便教师和学生能够熟练使用。定期检查和维护技术设备。教师应提前进行技术测试，避免在课堂中出现技术问题。

第四节　有效数学师生互动对学生学习的促进

一、增强学习动机和参与度

有效的师生互动能够增强学生的学习动机和参与度。当教师与学生之间建立了积极的互动关系，学生通常会感受到更多的关注和支持，这种正向的情感体验能够有效激发学生对数学学习的兴趣。教师通过使用激励性语言，表达对学生努力的认可和赞赏，可以极大地提升学生的自信心和学习热情。教师在课堂上对学生的努力和进步给予及时的肯定，能够促使学生更积极地参与课堂活动，主动思考和提出问题。

在互动过程中，教师能够通过引导性提问和讨论，激发学生对数学知识的深入探讨和理解。学生在这种互动环境中更愿意参与讨论和活动，从而表现出更高的学习热情和参与度。教师通过设计有趣的课堂活动和挑战性的问题，能够引导学生主动思考和探索数学概念，使他们在实践中更好地掌握知识。当学生在课堂上得到及时的、建设性的反馈时，他们会感受到教师的关注和认可，从而增强参与课堂的积极性。教师通过设定明确的学习目标，并在课堂上与学生分享这些目标，可以帮助学生清晰地了解自己的学习方向，并在实现目标的过程中保持高效的学习动力。学生能够更加主动地参与到课堂学习中，从而提高他们的学习效果。

二、改善学习态度和自信心

当教师与学生建立了积极的互动关系时，学生通常会感受到教师的关心和支持，这种情感上的支持能有效提高他们的自信心。教师在课堂上通过真诚地鼓励和认可，帮助学生建立起对自己能力的信任。通过肯定学生的努力和进步，教师不仅增强了学生的自我效能感，还激励他们对数学学习保持积极的态度。教师通过提供具体的指导和建议，帮助他们克服这些挑战。这样的支持不仅能让学生感受到教师的关怀，还能使他们对自己的能力有更清晰地认识。教师在点评学生作业和解答问题时，既要指出错误，又要提供改进的建议，这种方法能够有效地提升学生的信心，并帮助他们在不断实践中提高自己的能力。

当教师通过创建一个安全和支持性的学习环境，减少学生对失败的担忧，学生往往会变得更加勇敢地面对挑战。在这样的环境中，学生更愿意尝试新的方法，探索不同的解题策略，逐步提升他们对数学的兴趣和自信心。教师的支持性反馈和耐心指导，能够帮助学生建立起对数学的正面认识，从而改善他们的学习态度。

三、提高学习成绩和理解深度

教师通过积极互动可以及时掌握学生的学习状况，发现他们在数学学习中的具体问题，并给予有针对性指导。在课堂上设置问答环节，可以帮助教师了解学生的掌握情况，对他们的疑难问题进行解答。教师能够及时纠正学生的错误，引导他们理解数学概念的核心要点，从而促进他们对知识的深入掌握。通过个别辅导，教师可以为学生提供更加个性化的指导。这种一对一的互动方式允许教师针对学生的特殊需求进行详细解释和指导，帮助学生在理解上取得突破。个别辅导中的实时反馈能够有效地帮助学生识别和纠正错误，从而巩固他们的知识基础。教师的及时介入和精准指导，使学生能够更快地克服学习障碍，提高理解深度，进而提升学习成绩。

教师通过提供具体的例题和实践机会，帮助学生将抽象的数学概念应用于实际问题中。教师可以让学生通过解决实际问题来加深对数学知识的理解。这种方式不仅增强了学生对数学的兴趣，还能够促进他们将所学知识运用到不同情境中，提高解决问题的能力，从而提升他们的学业成绩。

四、促进批判性思维和问题解决能力

教师通过在课堂上提出开放性问题，能够激发学生进行独立思考。教师可以设计一些富有挑战性的数学问题，让学生不仅仅停留在表面的计算，而是深入探讨问题的根源和解决方法。这种互动形式促使学生跳出传统的思维框架，从多个角度分析问题，提升他们的批判性思维能力。学生们可以自由表达自己的见解，分享各自的思考过程。教师则充当引导者，通过提出针对性的问题，帮助学生探索更深层次的思考。这种讨论氛围不仅激励学生积极参与，还鼓励他们挑战现有的观点和解决方案。学生学会如何构建合理的论证，分析问题的不同方面，从而增强解决复杂问题的能力。

教师可以利用实际生活中的数学问题或案例，促使学生运用所学知识进行分析和解决。通过对真实情境的探讨，学生不仅能理解理论的实际应用，还能够在分析案例的过程中培养问题解决能力。这种实践导向的互动方式让学生在解决实际问题的过程中不断提升自己的批判性思维和解决问题的技巧。教师还应鼓励学生提出自己的问题和见解，积极回应他们的思考。这种双向沟通能够帮助学生发现问题的复杂性，并尝试寻找多种解决方案。通过不断互动和反馈，学生不仅能够深化对数学知识的理解，还能够培养自主学习和问题解决的能力。

五、增强学生的合作和沟通能力

通过组织各种小组活动和合作任务，教师促使学生在团队中进行协作和信息共享。教师可以设计团队项目，让学生在小组内共同解决数学问题。这种合作模式不仅能够帮助学生解决复杂的数学难题，还能够培养他们的团队合作意识和沟通技巧。在实际操作中，团队合作任务能够促使学生学会如何与他人协作，分担任务，并共同达成目标。学生可以分享各自的观点和解决方案，形成集体智慧。这种合作过程不仅加强了他们的数学学习能力，还提高了他们在团队中的有效沟通和协调能力。当学生需要讨论某一数学问题时，他们必须学会倾听他人的意见，表达自己的见解，并在团队内达成共识。这种互动方式不仅能够提升他们的合作能力，还能培养他们的领导力和团队管理技巧。

教师还可以通过设立小组讨论环节，鼓励学生在课堂上进行合作学习。在这种互动模式中，学生需要在小组内分工合作。这种设置有助于学生在实践中学习如何与他人合作，并提高他们的沟通能力。教师可以在过程中提供指导和支持，帮助学生克服合作中的困难，并鼓励他们有效地交流和协商。通过团队活动，学生在解决数学问题的过程中能够培养更强的合作精神和沟通能力。他们在小组中相互支持，共同解决难题，从而提升了综合学习能力。这种合作经验不仅在数学学习中发挥作用，还为学生今后的职业和社会生活奠定了基础。

六、促进心理健康和情感支持

教师通过关注学生的情感需求和提供适当的支持，能够有效地缓解学生的学习压力和焦虑。教师可以通过与学生定期的交流，了解他们在学习中面临的困难，并提供及时的心理支持和建议。这种支持不仅帮助学生应对学习中的挑战，还能够提升他们的情绪稳定性。当学生面临学业压力或个人困扰时，教师通过体贴关怀和鼓励，能够帮助他们处理情感问题并找到解决办法。教师可以通过定期的单独谈话或小组讨论，了解学生的感受和需求。这种情感关怀不仅增强了学生的自我效能感，还能够帮助他们更好地应对学习中的困难。

教师通过建立支持性的课堂氛围，也能够为学生提供情感支持。教师可以通过创建一个开放和尊重的学习环境，鼓励学生表达自己的感受和问题。这样的环境能够使学生感受到来自教师和同学的支持，进而提升他们的心理健康。教师可以设置匿名意见箱，让学生自由地表达他们的困惑和建议，从而减少学生因表达困难而产生的焦虑感。有效的师生互动能够促进学生的心理健康和情绪稳定，进而改善学习效果。通过给予学生情感支持和心理慰藉，教师能够帮助他们保持积极的学习态度，减少心理压力带来的负面影响。当学生感到紧张或焦虑时，教师的及时安抚和指导能够帮助他们恢复学习动力，从而提高学习效率和成绩。

七、优化学习策略和方法

教师通过与学生的密切交流，能够深入了解他们的学习习惯和面临的挑战，并提供个性化的建议和指导。教师可以通过分析学生的学习反馈，识别他们在特定领域的困难，进而调整教学方法，推荐更符合学生需求的学习策略。这种互动方式能够确保学生获得针对性指导，从而有效提升学习效率。教师能够及时了解学生的学习状况和困难。这种了解可以帮助教师针对性地调整教学策略。教师可以根据学生在课堂讨论中的表现或作业中的问题，调整教学内容和难度。这种灵活的调整可以确保教学内容既具有挑战性，又不至于过于困难，从而提高学生的学习兴趣和效果。

教师可以通过互动帮助学生发现并优化个人的学习方法。在交流过程中，教师可以向学生推荐适合他们的学习资源和方法，例如如何有效地做笔记、如何进行时间管理等。此外，教师还可以指导学生如何设定学习目标，并制定具体的学习计划。这些建议能够帮助学生制定和实施更有效的学习策略，从而提高学习效率。教师通过提供反馈和建议，能够帮助学生不断改进学习方法。教师可以在作业批改后给予详细反馈，指出学生在学习过程中存在的不足，并提供改进建议。这些反馈不仅帮助学生认识到自己的错误，还可以指导他们如何进行修正，从而提高学习成绩。有效的反馈机制能够促进学生的自我反思和成长，使他们在学习过程中不断优化策略和方法。

第十章 有效数学教师的专业发展

第一节 有效数学教师的职业素养与专业能力

一、有效数学教师的职业素养

(一) 深厚的专业知识

有效的数学教师必须具备深厚的数学专业知识,了解数学的基本理论和概念,能够解决复杂的数学问题。扎实的数学基础是教师胜任教学工作的前提。没有深厚的专业知识,教师在面对学生提出的疑问时,无法给予准确的解答,无法启发学生的数学思维。因此,具备扎实的数学专业知识是每一个有效数学教师的首要条件。数学教师不仅需要掌握基本的数学理论和概念,还应具备解决复杂数学问题的能力。这种能力不仅体现在解答教材上的习题,更体现在面对现实生活的数学问题时,能够运用所学的知识进行分析和解决。通过这种实践,教师可以更加深刻地理解数学理论的应用价值,进而在教学中为学生提供更为具体、生动的例子,帮助学生将理论与实际相结合。

数学领域不断发展,新知识和新技术不断涌现,教师必须保持对这些变化的关注。通过不断学习,教师不仅可以充实自己的知识储备,还能为学生带来最新的数学发展动态,激发学生对数学的兴趣。数学教师可以通过阅读专业书籍和期刊、参加学术研讨会等方式,了解数学领域的前沿进展和研究成果。这些活动不仅为教师提供了学习新知识和新技术的平台,还为教师提供了与同行交流和学习的机会。通过与其他教师的交流,分享教学经验和心得,教师可以获得新的教学思路和方法,提升自己的教学能力。同时,这些活动也是教师展示自己教学成果和研究成果的重要平台,通过展示和交流,教师可以获得专业领域的认可和支持,进一步增强自信心和职业成就感。

理论知识是基础,教师更需要将这些理论知识转化为具体的教学内容和教学方法。通过实践,教师可以不断检验和完善自己的教学策略,使之更加符合学生的实际需求和理解能力。教学反思也是提升专业知识的重要环节,通过反思,教师可以发现教学中的不足之处。通过教学研究,教师可以深入探讨教学过程中遇到的问题和挑战,寻找有效的解决方案。教学研究不仅可以提升教师的专业水平,还可以为教学实践提供科学依据,推动教育改革和创新。教师可以通过撰写教学论文、参与教育课题等方式,进行教学研究,并将研究成果应用到实际教学中。

(二)优秀的教学能力

有效的数学教师具备优秀的教学设计和规划能力,能够根据课程标准和学生需求,制定详细的教学计划,设计有效的教学活动和练习。这种能力不仅体现在对课程内容的理解和掌握上,更体现在如何将这些内容转化为学生易于理解和掌握的知识。教师需要全面了解课程标准,明确教学目标,结合学生的实际情况,制定出科学、合理的教学计划。教学计划应涵盖教学目标、教学内容、教学方法、教学进度和评估方式等方面,确保教学活动有条不紊地进行。教学活动和练习是实现教学目标的重要手段,优秀的数学教师能够设计出既符合教学目标,又能激发学生兴趣的教学活动和练习。通过多样化的教学活动,如小组讨论、问题探究、实验操作等,教师能够培养学生的数学思维能力和问题解决能力。同时,通过设计层次分明、难易适中的练习,教师能够帮助学生巩固所学知识,掌握数学学习技巧。

教师需要营造积极的学习环境，促进学生参与和互动。一个良好的学习环境不仅包括物理环境的布置，如教室的整洁、教学设备的配置等，还包括心理环境的营造，如师生关系的融洽、学生学习兴趣的激发等。通过营造积极的学习环境，教师能够促进学生的参与和互动，提高课堂教学效果。课堂管理能力不仅体现在环境营造上，还包括对课堂秩序的管理和对学生行为的引导。教师需要制定合理的课堂规则，明确课堂行为规范，并在教学过程中严格执行这些规则。通过合理的奖惩机制，教师能够激励学生积极参与课堂活动，维护良好的课堂秩序。同时，教师还需要具备灵活应对课堂突发情况的能力，如学生出现纪律问题、教学设备出现故障等，能够迅速采取有效措施，保证教学活动的顺利进行。

有效的课堂管理还包括教师对教学节奏的掌控和对学生学习状态的关注。教师需要合理安排教学时间，确保每个教学环节都有充足的时间进行，不因时间不足而匆忙完成，也不因时间过多而拖沓无味。通过对教学节奏的合理掌控，教师能够保持学生的注意力不被分散。同时，教师需要时刻关注学生的学习状态，及时发现和解决学生在学习过程中遇到的问题，帮助学生克服学习困难，取得学习进步。通过引导学生进行自我探究、自主学习，教师能够培养学生的独立思考能力和学习能力。通过组织学生进行小组合作学习，教师能够培养学生的团队合作精神和交流能力，提高学生的学习效果和社会适应能力。

（三）强烈的责任感和职业道德

有效的数学教师应具备强烈的责任感和职业道德，关心每一个学生的学习和成长。责任感驱使教师尽职尽责地完成每一项教学任务，职业道德则要求教师在工作中坚持公平、公正、关爱学生的原则。教师不仅仅是知识的传授者，更是学生成长道路上的引导者和支持者，肩负着培养学生健全人格和良好学习习惯的重任。此外，教师应关注学生的个体差异，给予适当的支持和帮助。每个学生的学习能力、兴趣爱好和背景知识各不相同，教师需要根据这些差异制定个性化的教学策略。通过了解每个学生的优点和不足，教师可以有针对性地进行辅导和激励，激发他们的学习兴趣和潜能。这样的关注和支持不仅能提高学生的学习成绩，还能增强他们的自信心和独立性，为他们的全面发展打下坚实基础。

公平对待每一个学生是教师职业道德的基本要求。教师应不偏袒任何一方，对所有学生一视同仁，公正地进行评价和考核。无论学生的成绩如何，教师都应给予平等关注和尊重，鼓励他们积极参与课堂活动，努力学习。这种公平公正的态度，不仅能赢得学生的尊重和信任，还能营造一个和谐、积极的学习环境，促进学生之间的良性竞争和互助合作。教师的责任感和职业道德还体现在对学生人格的尊重和保护上。教师应尊重学生的个性和隐私，避免在公开场合批评或羞辱学生。同时，教师应注意保护学生的心理健康，帮助他们建立积极的自我认知和健康的心理状态。通过关心和爱护每一个学生，教师能够在学生心中树立起良好的教师形象，成为他们学习和生活中的榜样和支持者。

教师的责任感和职业道德还体现在不断自我提升和专业发展的追求上。教师应不断学习先进的教育理念和教学方法，积极参加各类培训和继续教育活动，提高自己的教学能力和专业水平。只有不断进步的教师，才能为学生提供高质量的教育，满足他们不断变化的学习需求。教师的责任感和职业道德还包括对教育公平的追求和实践。教师应致力于缩小学生之间的教育差距，为所有学生提供平等的学习机会。无论是对待学优生还是学困生，教师都应给予同样的关注和支持，帮助每一个学生在原有的基础上取得进步。通过教育公平的实践，教师不仅在促进学生的个体发展，也在为构建更加公平、公正的社会贡献自己的力量。

（四）卓越的沟通能力

数学教师需要具备清晰的表达能力，能够将复杂的数学概念和问题用简明易懂的语言传达给学生。教学中的语言表达不仅是知识传递的工具，更是学生理解和掌握数学知识的重要媒介。教师应通过恰当的比喻、形象的例子和生动的演示，使抽象的数学概念变得具体可懂，帮助学生在理解的基础上掌握知识。此外，清晰表达不仅要求教师能够准确地传达知识，还要求他们能够根据学生的理解水平调整表达方式。面对不同程度的学生，教师需要灵活运用多种表达方式，确保每一个学生都能跟上教学进度。

有效的沟通不仅体现在课堂上的语言表达，还包括教师对学生学习情况的及时反馈。反馈是教学过程中不可或缺的一环，它不仅能帮助学生了解自己的学习情况，还能指导他们进行有效的学习改进。教师应在课堂内外，通过多种途径及时给予学生反馈，指出他们在学习中存在的问题和不足，并提出具体的改进建议。通过批改作业、评讲试卷、个别辅导等方式，教师可以详细分析学生的错误原因，帮助他们纠正错误，巩固知识。在反馈过程中，教师需要注意方式和方法，确保反馈具有建设性和指导性。反馈应当具体明确，指向性强，避免模糊和泛泛而谈。教师应注重正面反馈，鼓励学生的进步和努力，增强他们的自信心和学习动力。同时，对于学生存在的问题和不足，教师应给予耐心解释和指导，帮助学生找到解决问题的方法。

教师应通过关心和尊重每一个学生，建立良好的师生关系，营造和谐的课堂氛围。通过与学生的日常交流，了解他们的学习需求和心理状态，教师可以更好地因材施教，提供有针对性的帮助和支持。教师可以通过班会、课后谈话等形式，倾听学生的心声，了解他们的困惑和需求，并及时给予回应和帮助。这种情感交流不仅能增强学生的学习动机，还能促进他们的心理健康和全面发展。通过与家长的有效沟通，教师可以了解学生在家庭中的表现，获得家长的支持和配合，共同促进学生的成长和进步。通过与同事的交流和合作，教师可以分享教学经验，探讨教学问题，共同提高教学水平。教师可以通过家长会、电话、邮件等形式，与家长交流学生的学习情况和家庭教育问题。通过与同事的教研活动和工作交流，教师可以共同探讨教学中的难题，分享成功的教学经验，不断提升自己的教学水平。

（五）创新和反思能力

有效的数学教师应具备创新能力，能够不断尝试新的教学方法和手段。创新是教育发展的动力源泉，特别是在数学教学中，教师需要不断寻找新的方式和方法，使抽象的数学概念变得生动有趣。通过创新教师可以设计出更具互动性和参与感的课堂活动，使学生在探索和实践中主动学习，从而提高他们的学习效率和效果。例如，通过动画和视频演示复杂的数学原理，通过在线平台进行课后辅导和作业批改，通过教育软件进行个性化学习评估和反馈。这些技术手段不仅能增加课堂的趣味性和多样性，还能帮助教师更好地了解和满足学生的个性化需求。

创新不仅仅是对教学手段和工具的改进，更是对教学理念和方法的不断探索。有效的数学教师应敢于打破传统的教学模式，尝试多样化的教学策略，如合作学习、探究式学习、翻转课堂等。这些新颖的教学模式能够充分调动学生的积极性和主动性，使他们在学习过程中发挥主体作用，增强自主学习能力和团队合作精神。除了创新能力，数学教师还需要具备自我反思的能力，能够在教学过程中不断反思和总结，发现问题并改进教学策略。自我反思是教师专业成长和发展的重要途径。通过反思教师可以审视自己的教学行为，找出存在的问题和不足。教师可以在每次课后记录教学日志，反思课堂上的亮点和不足，并根据学生的反馈和课堂效果，优化教学设计和实施。

教师需要定期进行教学评估，通过学生的学习成绩、课堂表现和反馈意见，了解教学的实际效果。通过分析这些数据，教师可以找到影响教学效果的因素。如果发现学生对某个知识点的掌握情况不理想，教师可以重新设计该部分的教学活动，采用更有效的教学手段进行讲解和练习。教师的自我反思不仅限于个体层面，还可以通过参与教研活动，与同事交流和分享教学经验，进一步提升自我反思的效果。通过集体备课、教学研讨会、观摩教学等形式，教师可以学习他人的成功经验，借鉴优秀的教学案例，不断完善自己的教学实践。

二、有效数学教师的专业能力

(一) 学科知识能力

有效的数学教师必须具备深厚的数学知识,了解数学的基本概念、定理和公式。这种基础知识是教师进行有效教学的前提。没有扎实的数学基础,教师难以深入讲解数学原理,无法引导学生进行高层次的思维和分析。因此,教师必须全面掌握数学学科的知识体系,从基础知识到高等数学内容,都需要娴熟运用。数学教师不仅需要掌握书本上的理论知识,还需具备解决复杂数学问题的能力。这意味着教师应能够应用数学知识解决各种实际问题,展示数学在不同领域中的应用。通过解决复杂问题,教师可以示范逻辑思维和解决问题的方法,培养学生的分析能力和创造性思维。这种实践能力是教师教学中不可或缺的一部分,能够激发学生对数学的兴趣,帮助他们将理论知识转化为实际技能。

数学教师还应具备一定的跨学科知识,能够将数学与其他学科知识相结合。跨学科的知识背景有助于教师在教学中举一反三,帮助学生理解数学在实际生活中的广泛应用。比如,将数学与物理、化学、生物等学科知识结合起来,展示数学在科学研究中的重要作用;将数学与经济学、工程学等结合,解释数学在这些领域中的具体应用。通过这些跨学科的联系,教师可以丰富课堂内容。为了更好地传授数学知识,教师需要不断更新和扩展自己的知识储备。数学学科本身在不断发展,新的研究成果和应用方法层出不穷。教师应积极参与专业培训、学术研讨会和继续教育课程,了解学科前沿动态,掌握最新的教学资源和方法。通过持续学习,教师不仅能够提升自身专业水平,还能将最新的学术成果融入课堂,带给学生最新的知识体验。

教师应注重培养学生的数学思维和解决问题的能力。除了讲授概念和公式,教师还应引导学生进行探索和发现,通过问题驱动的教学方法,鼓励学生独立思考和合作学习。教师可以设计开放性问题和项目,让学生在解决问题的过程中应用所学知识，培养他们的创新思维和团队合作能力。这种教学方式不仅提高了学生的数学素养，还增强了他们应对未来挑战的能力。有效的数学教师还需要具备良好的沟通和表达能力，能够将复杂的数学概念用简明易懂的语言传达给学生。这要求教师不仅要懂得数学，更要懂得如何教数学。

（二）教学设计与实施能力

有效的数学教师应具备优秀的课程设计能力，能够根据教学大纲和学生需求，制定合理的教学目标、教学内容和教学活动。设计的课程应具有逻辑性、系统性和可操作性，这意味着教师需要对整个课程有一个全面把握，从知识点的衔接到能力目标的达成，都需要精心规划。教师必须能够根据不同年级和不同班级学生的实际情况，制定出适合的教学计划，确保每个学生都能在现有的基础上取得进步。了解学生的学习习惯和兴趣点，进而设计出更有吸引力和针对性的教学内容。这样的课程设计不仅能提高学生的学习动力，还能帮助他们更好地理解和掌握所学知识。教师应在教学设计中融入实际应用和案例分析，使数学知识更贴近学生的生活，让他们感受到数学的实际价值和乐趣。

有效的数学教师必须具备扎实的教学实施能力，能够灵活运用多种教学方法和策略。探究式教学是一种有效的方法，通过引导学生进行自主探索和发现，培养他们的批判性思维和解决问题的能力。教师在课堂上可以提出开放性问题，鼓励学生通过合作和讨论，找到问题的解决方案。这种教学方法不仅提高了学生的参与度，还增强了他们的理解力和记忆力。合作学习也是一种重要的教学策略，学生可以互相学习和帮助，形成良好的学习氛围。在这种教学模式下，教师的角色更多的是引导和协调，通过设计合作任务和活动，激发学生的合作精神和团队意识。合作学习不仅有助于提高学生的学习成绩，还能培养他们的社交能力。

启发式教学是一种强调启发和引导的教学方法，教师通过提问和引导，帮助学生自主构建知识体系。启发式教学的核心在于通过引导学生思考和发现，而不是直接传授知识。教师可以通过设计富有启发性的提问和活动，引导学生逐步深入理解数学概念和原理。这种教学方法不仅能提高学生的思维能力，还能培养他们的学习兴趣和自主学习能力。教学实施过程中，教师还需关注课堂管理和互动，创造一个积极的学习环境。通过合理的课堂管理，教师可以维持良好的课堂秩序，确保每个学生都能专注于学习。教师可以了解他们的学习进度和困难，给予针对性帮助和指导。教师应通过多样化的教学活动，如小组讨论、实验操作、问题解决等，激发学生的学习兴趣和动机。

在教学实施的过程中，教师还应注重反馈和评估，如测试、作业、项目等，了解学生的学习效果和存在的问题。教师应及时给予反馈，指出学生的不足之处，帮助他们不断进步和提高。通过反思和总结，教师可以不断优化教学设计和实施，提高教学质量和效果。

（三）课堂管理与组织能力

有效的数学教师应具备良好的课堂管理能力，能够建立和维护良好的课堂秩序，确保教学活动的顺利进行。课堂管理能力是教师在教学过程中保持课堂纪律、激发学生学习兴趣和调动课堂气氛的重要手段。教师通过制定明确的课堂规则，让学生了解并遵守课堂行为规范，有助于创造一个有序且高效的学习环境。教师应在学期初就与学生共同制定课堂规则，使学生明确课堂行为的要求。这些规则应具体、清晰，并得到一致执行，以便学生在课堂上有稳定的行为参照。通过适当的奖励和惩罚机制，教师可以有效管理课堂纪律，激励学生遵守规则。

教师还应具备良好的时间管理能力，能够合理安排课堂时间，确保每一个教学环节有序进行。有效的时间管理不仅能提高课堂教学效率，还能使学生在有限的时间内获得更多的学习成果。教师应在备课时详细规划每节课的时间分配，包括讲授新知识、互动讨论、练习巩固和总结反馈等环节，确保每个环节都有足够的时间进行。课堂时间的有效管理还需要教师具备灵活应对突发情况的能力。可能会出现各种意外情况,如学生提出的意外问题、设备故障或教学活动进展缓慢等。教师需要快速反应,及时调整教学计划,确保教学活动顺利进行。

为了创造有利的学习环境,教师还应关注学生的心理和情感需求。教师可以营造一个积极、开放和支持的课堂氛围。教师应通过积极互动、鼓励和支持,让学生感受到被尊重和关爱,从而增强他们的课堂参与度和学习积极性。另外,教师应注重课堂的组织和协调能力,合理安排教学资源和活动,确保教学目标的实现。例如,在小组活动和合作学习中,教师需要合理分配任务和角色,发挥自己的特长和优势。同时,教师应密切关注各组的进展情况,及时提供指导和帮助,确保合作学习的效果和质量。

教师应及时发现和纠正学生的不当行为,给予恰当的引导和教育。通过积极反馈,教师可以帮助学生认识到自己的问题并做出改进。对于表现突出的学生,教师应给予表扬和奖励,鼓励他们继续努力;对于存在问题的学生,教师应耐心指导,帮助他们改正错误,提升自信心和学习积极性。通过建立和维护良好的课堂秩序,教师能够确保教学活动的顺利进行。通过合理的时间管理和课堂规则,教师能够创造一个有利的学习环境,提高课堂教学效率。通过关注学生的心理需求和行为反馈,教师能够增强学生的学习积极性和课堂参与度,为实现高质量的数学教学提供坚实的保障。卓越的课堂管理与组织能力不仅提升了教学效果,也为学生的全面发展奠定了基础。

(四)评价与反馈能力

有效的数学教师应具备科学的评价能力,能够通过多种形式的评估,如测验、作业、项目等,并进行公平公正的评价。科学评价不仅有助于教师了解学生的学习效果,还能发现教学中的问题和不足,为改进教学策略提供依据。教师应根据课程目标和学生特点,设计多样化的评价方式,确保评价的全面性和准确性。教师应以客观的态度对待每一个学生,避免偏见和主观判断。评价标准应明确、公开,使学生明确了解自己的表现和进步方向。通过公平公正的评价，教师能够树立良好的职业形象，赢得学生的信任和尊重，同时激励学生积极进取，不断提高自己的学业成绩。

教师需要具备及时反馈的能力，能够在课堂上或课堂后迅速给予学生具体的反馈。有效的反馈应具体明确，指出学生学习中的不足和错误，并提供改进的建议和方法。学生可以及时纠正错误，巩固所学知识，逐步提高学习效果。教师应通过多种途径，如口头反馈、书面评语、个别辅导等，灵活运用不同的反馈方式，提高反馈的效果和质量。在课堂上，教师应通过提问和讨论，及时了解学生的理解情况，并给予及时反馈。当学生回答问题或完成任务时，教师可以及时评价他们的表现，指出优点和不足，并给予具体的改进建议。课堂上的即时反馈不仅能帮助学生及时改正错误，还能增强他们的参与感和学习积极性。

教师应认真批改学生的作业和测验，详细记录学生的错误和问题，并在反馈中给予具体的改进建议。通过个别辅导和面谈，教师可以深入了解学生的学习困惑，有针对性地进行辅导和指导，帮助他们克服学习中的难题。教师可以更全面地了解学生的思维过程和理解情况，从而提供更有针对性的建议和帮助。有效评价与反馈不仅关注学生的学业成绩，还应注重学生的学习过程和综合能力的发展。教师应通过多样化的评价方式，如项目评估、小组合作、口头报告等，全面了解学生的学习表现和能力发展。通过这些综合性评价，教师可以更全面地了解学生的优势和潜力，激励他们在多方面不断进步。

通过积极反馈和鼓励，教师可以增强学生的自信心和学习动力。教师应给予耐心指导，帮助他们找到改进的方法，增强他们的信心和决心。通过激励和鼓励，教师可以营造一个积极向上的学习氛围。评价与反馈能力不仅提升了教学质量，也为学生的成长和进步提供了有力的支持和保障。

（五）信息技术应用能力

有效的数学教师应具备使用多媒体技术进行教学的能力，通过PPT、视频、动画等多种形式，丰富课堂内容，增强教学效果。多媒体技术的应用不仅能使抽象的数学概念变得具体生动，还能提高学生的学习兴趣和参与度。教师可以利用PPT展示课件，使教学内容更加直观和有条理；通过视频和动画演示复杂的数学原理，使学生更容易理解和记忆。多媒体技术的有效运用，可以提升课堂教学的质量和效果。此外，教师还应具备利用网络资源和教育平台的能力，能够将优秀的在线资源融入教学，提供更多的学习材料和学习途径。互联网为教师提供了丰富的教学资源，如电子教材、教学视频、在线练习等，这些资源不仅可以丰富课堂教学内容，还能满足学生个性化的学习需求。教师应熟练掌握如何搜索和筛选高质量的在线资源，并将这些资源与课堂教学有机结合，提供多样化的学习体验。

教师应熟悉各种教育平台的功能和使用方法，通过这些平台开展在线教学、布置作业、进行测试和互动交流。通过教育平台发布课程资料和教学视频，学生可以在课后自主学习和复习。教育平台还提供了讨论区和互动工具，教师可以与学生进行实时交流，解答疑问，促进师生之间的互动和沟通。为了充分发挥信息技术在教学中的作用，教师还应具备一定的技术维护和故障排除能力。在使用多媒体设备和网络平台的过程中，难免会遇到一些技术问题，如设备故障、网络不稳定等。教师应具备基本的技术常识和解决问题的能力，能够迅速排除故障。

（六）反思与自我提升能力

有效的数学教师应具备反思能力，能够在每次教学活动后进行自我反思，发现教学中的问题和不足，不断改进教学方法。反思是教师专业成长的重要途径，通过反思，教师可以审视自己的教学实践，识别哪些方面有效。这样的自我审视和评估，可以帮助教师不断优化教学过程。每次课堂结束后，教师可以回顾整个教学过程，思考教学目标是否达成，教学内容是否充分传递，学生的反馈和表现是否达到预期。通过这些反思，教师可以及时发现教学中的问题，学生对某个概念的理解不够深入，课堂互动不够积极等。针对这些问题，教师可以在下一次教学中调整教学策略,确保教学效果的提升。

反思不仅仅是对教学过程的评估,还包括对教学结果的分析。教师应通过学生的学习成果,如测验成绩、作业表现、课堂参与等,了解学生的学习情况,并从中反思自己的教学方法是否有效。如果大部分学生在某个知识点上出现了错误,教师需要思考是否在讲解时存在问题,是否需要采用更直观或更详细的方式进行教学。通过这种结果导向的反思,教师可以有针对性地调整教学内容和方法,提高学生的学习效果。为了不断提升教学水平,教师还应具备持续学习和专业发展的能力。教育领域不断发展,新知识、新方法层出不穷,教师需要不断学习,保持专业素养的更新和提升。积极参加各类培训和研讨活动,是教师专业发展的重要途径。教师可以学习到最新的教育理念和教学方法,了解教育研究的最新动态,并将这些新知识和新方法应用到自己的教学实践中。

通过阅读教育期刊、参加学术会议、参与教育研究项目等,教师可以了解教育领域的前沿研究,学习最新的教学理论和实践经验。这不仅可以丰富教师的知识储备,还可以启发他们在教学中的创新和改进。通过了解最新的学习理论,教师可以设计出更加符合学生认知规律的教学活动。教师应明确自己的职业目标,并为实现这些目标制定具体的计划。可以通过进修深造、申请教学奖项、参与教育课题研究等方式,不断提升自己的专业水平和职业素养。通过这些努力,教师不仅能在职业生涯中不断进步,还能为学生提供更加优质的教育服务。

第二节 有效数学教师的培训与进修

一、有效数学教师的培训

(一)基础知识培训

有效的数学教师需要扎实的数学专业知识,培训应涵盖基础数学理论、重要定理、公式推导等，确保教师能准确传授知识。培训应包括与数学相关的其他学科知识，如物理、计算机科学等，帮助教师将数学与其他学科知识相结合，提升教学的综合性。

（二）教学方法培训

教师应接受多样化教学方法的培训，如探究式教学、合作学习、启发式教学等，提升其设计和实施不同教学策略的能力。培训应包括多媒体技术和网络教育平台的使用，使教师能够利用PPT、视频、动画等丰富课堂内容。

（三）课堂管理与组织培训

培训应涵盖有效的课堂管理策略，帮助教师建立和维护良好的课堂秩序，营造积极的学习环境。教师需要学习如何合理安排课堂时间。

（四）评价与反馈培训

培训应包括科学的评价方法，如测验、作业、项目评估等，帮助教师全面了解学生的学习情况，进行公平公正的评价。教师应接受如何给予及时、具体和有针对性的反馈培训，以帮助学生认识到学习中的不足并提出改进建议。

（五）反思与自我提升培训

教师应了解如何通过参加学术研讨会、继续教育课程和阅读专业书籍等途径，保持知识更新和专业水平提升。

（六）情感与心理支持培训

培训应包括基础的学生心理学知识，帮助教师了解学生的心理需求，提供必要的情感和心理支持。教师需要学习如何建立良好的师生关系，通过关心和尊重每一个学生，增强学生的学习动机和课堂参与度。

二、有效数学教师的进修

（一）高等学位进修

有效的数学教师可以通过攻读硕士或博士学位，深化对数学专业知识的理解，提高学术水平和研究能力。这种进修不仅提升了教师的专业素养，还增强了他们在教育领域的学术影响力。教师可以选择攻读教育学相关的硕士或博士学位，学习先进的教育理论和教学方法，提升教学技能和教育研究能力。

（二）专业课程与证书

参加大学或专业培训机构提供的数学专业课程，如高等数学、数学建模、统计学等，帮助教师更新和扩展数学知识。获取教学技能证书，如国家或地区认可的教师资格证、教学方法认证等，提升教学能力和职业竞争力。

（三）教学方法与技术进修

学习如何使用最新的教育技术和工具，如多媒体教学软件、在线教育平台、教育数据分析工具等，提升教学效果和课堂互动。进修探究式教学、合作学习、翻转课堂等创新教学方法，掌握如何在教学中激发学生的学习兴趣和主动性。

（四）教学研究与论文发表

学习教育研究方法，进行教学实践中的问题研究，提升教学研究能力。进修定量研究和定性研究的方法，应用于课堂教学的改进。通过进修论文写作课程，提高学术写作能力，积极撰写和发表教育研究论文，分享教学成果和经验，提升专业影响力。

（五）国际交流与合作

参加国际教育交流项目，如访问学者、教师交换项目等，了解国外先进的教育理念和教学方法，拓宽国际视野。积极参加国际数学教育会议和研讨会，与全球同行交流最新的教育研究成果和教学实践，提升专业素养和国际影响力。

（六）持续专业发展计划

制定长期的职业发展计划，包括短期和长期的进修目标，确保自身专业不断提升。个人发展计划应具体、可行，并包括定期的自我评估和调整。通过学校或教育机构提供的定期培训和进修项目，保持教学方法和教育技术的最新水平，适应不断变化的教育环境。

（七）校内外教研活动

积极参与校内教研组活动，与同事交流教学经验，合作开展教研项目，提升教学能力和团队合作精神。参加校外教育研讨会和教研活动，了解其他学校和教师的教学经验和方法，学习借鉴先进的教学理念和实践。

第三节 有效数学教学反思与自我提升

一、有效数学教学反思

（一）教学目标的明确性

在每一节课开始前，明确具体的教学目标，确保学生了解课程内容和学习目标。通过课堂活动和反馈机制，评估学生对教学目标的理解和掌握程度。

（二）教学内容的适切性

根据学生的认知水平和兴趣，选择适合的教学内容，避免过难或过易的知识点。通过生动的实例和实际应用，使抽象的数学概念更加具体化和生活化。

（三）学生的参与度

通过有趣的数学问题和实际应用场景，激发学生的学习兴趣和好奇心。鼓励学生自主探究和思考，培养其独立解决问题的能力。

（四）课堂管理和氛围

保持良好的课堂纪律。营造积极、轻松的学习氛围，让学生在愉快的环境中学习。

（五）教学反馈和评估

及时对学生的学习情况进行反馈，帮助其发现问题并改进。采用多种评估方式，如课堂提问、作业检查、测试等。

（六）教师的自我反思

在每节课后进行自我反思，总结教学中的得失，寻找改进的方向。不断学习新的教学理念和方法，提升自己的专业素养和教学水平。

（七）学生的个体差异

根据学生的不同学习水平和需求，采取差异化教学策略，因材施教。特别关注学困生和优秀生，帮助其全面发展。

二、有效数学中学生的自我提升

（一）树立积极的学习态度

学生应通过参与数学竞赛、阅读数学趣味书籍等方式来激发对数学的兴趣。

面对数学难题时,不要轻易放弃,要勇于尝试和解决问题,逐步提高解决问题的能力。

(二) 制订合理的学习计划

明确短期和长期学习目标,例如每周掌握一个新概念,逐步攻克难点。科学分配学习时间,保持规律的学习习惯,确保每天都有足够的时间进行数学学习和练习。

(三) 注重基础知识的掌握

确保对基础概念、定理和公式的理解和掌握,这是解决复杂问题的前提。通过大量的练习题巩固基础知识,提高计算速度和准确度。

(四) 多角度思考问题

学会从不同角度思考和解决问题,培养多样化的解题思路。不只关注答案,更要理解解题过程和思路,掌握解决问题的方法和技巧。

(五) 寻求帮助与合作

遇到疑难问题时,及时向老师请教,获得正确的指导和帮助。与同学组成学习小组,相互交流和讨论,集思广益。

(六) 利用现代技术

充分利用网络上的教学视频、在线课程和练习平台,获取更多的学习资源。使用数学软件进行演算和模拟,帮助理解复杂的数学概念和问题。

(七) 自我反思与总结

每周或每月进行一次学习总结,反思自己的学习方法和效果,找出不足之处并加以改进。将错题整理归纳，分析错误原因，避免在同类问题上再犯错误。

（八）增强应用能力

将数学知识应用到实际生活中，例如购物时计算折扣、旅行时规划路线等，增强对数学的实际应用能力。参与数学相关的项目或课题研究，通过实际操作提升对数学的理解和运用能力。

第四节　有效数学教师专业学习社区的建设

一、数学教学技术平台的定义

数学教学技术平台是指利用现代信息技术手段，结合数学教学内容和教学目标，构建的一个综合性、交互性强的教学支持系统。这个平台的意义在于它能够整合各种教学资源，提供多样化的教学工具，帮助教师更好地设计和实施数学教学。

二、数学教学技术平台的主要功能

在现代教育中，交互工具的应用极大地促进了师生之间以及学生之间的互动和交流。在线讨论区为学生提供了一个广泛的平台，可以随时随地进行学术交流和讨论。这不仅有助于学生们分享和吸收知识，还能提高他们的表达能力和批判性思维。同时，在线讨论区的公开性也使得学生能够从不同角度和观点中学习，拓宽了他们的视野。通过即时答疑，教师可以迅速回应学生的疑问，确保他们在学习过程中不会因为一时的困惑而拖延进度。这种工具还可以促进学生自主学习，因为他们知道在遇到困难时可以立即获得帮助。此外，即时答疑工具的使用还可以提高教学的效率，使得教师能够更加精确地了解学生的需求并做出相应的调整。

通过互动白板，教师可以实时展示教学内容，学生则可以在上面进行标注和互动。这种形式的教学不仅提高了课堂的趣味性，还增强了学生的参与感和动手能力。互动白板的使用，使得传统的单向教学模式得到了转变，更加注重师生之间的互动和合作。交互工具还包括了各种能够增强学生协作和团队精神的应用程序。在线项目管理工具可以帮助学生在团队项目中更好地分工合作，确保每个成员都能积极参与和贡献。这种工具不仅提高了学生的组织和管理能力，还培养了他们的团队合作精神和责任感。

三、数学教学技术平台的实施策略

（一）教师培训

教师能够熟练掌握教育平台的使用方法和功能，从而更好地应用这些工具来提升教学效果。教师技术培训有助于提升教师的信息素养。在信息化时代，教育技术的不断发展和更新要求教师具备较高的信息素养和技术能力。系统的技术培训可以帮助教师掌握最新的教育技术，了解各种教学平台的功能和应用，从而能够更好地适应和利用这些技术手段进行教学。此外，系统的技术培训能够提高教师的教学效率和质量。通过培训，教师可以熟悉和掌握各种教育平台的使用技巧，从而能够更加高效地进行教学管理和课堂组织。教师可以通过平台快速发布学习资料、布置作业、进行在线测评等，从而节省时间和精力，更加专注于教学内容和学生的个性化辅导。同时，教师还可以利用平台提供的数据分析功能，及时调整教学策略和方法，提高教学的针对性和有效性。

随着教育技术的普及和应用，教师面临着不断更新和学习新技术的挑战。教师可以逐步掌握各种技术手段，增强他们在课堂上的自信心和教学能力。尤其是在面对学生提出的技术问题时，教师能够从容应对及时解决，从而营造出一种积极的学习氛围，提高学生的学习兴趣和积极性。系统的技术培训还能够促进教师之间的交流和合作。在培训过程中，教师可以相互分享使用平台的经验和心得，讨论教学中的难题和解决方法，从而共同进步。通过这种交流和合作，教师可以不断拓展自己的知识和技能，提高教学水平。同时，教师之间的合作也有助于形成一个积极向上的教学团队，共同推动学校教育的改革和发展。

技术培训不仅仅是对教师个人的提升，也是对整个教育系统的支持。教育管理者应当重视教师技术培训的系统性和持续性，制定科学合理的培训计划，提供必要的资源和支持。只有通过系统培训，教师才能真正掌握和应用教育技术，从而更好地服务于教育教学，提高教育质量。

（二）教学设计

教师需要根据教学目标和学生的特点，合理设计和整合教育平台资源，使这些资源能够有效服务于教学。教学设计应当以明确的教学目标为基础。教师在设计教学活动时，必须清楚地知道希望学生在课程结束后能够掌握哪些知识和技能。只有明确了教学目标，教师才能有针对性地选择和整合平台资源，确保这些资源能够帮助学生实现预期的学习成果。每个班级的学生在学习基础、兴趣爱好、学习习惯等方面都有所不同。教师应当根据这些差异，设计出具有针对性的教学活动。教师可以通过平台提供更多的辅导资源和练习题，而对于学习能力较强的学生，教师可以推送一些具有挑战性的拓展资料。

现代教育平台提供了丰富多样的教学资源，包括视频讲解、在线测试、互动课件等。教师应当根据教学内容和学生需求，选择适当的资源进行整合和应用。在讲解某一复杂概念时，教师可以利用视频讲解和互动课件，帮助学生更直观地理解知识点；在课堂练习和课后作业中，教师可以利用在线测试，及时了解学生的掌握情况并进行有针对性的辅导。单一的教学形式容易让学生感到枯燥乏味，影响他们的学习积极性。教师可以通过平台提供的多种工具和资源，设计出丰富多彩的教学活动。教师可以组织在线讨论，让学生在交流中互相学习；利用互动白板进行课堂演示，增加课堂的互动性和趣味性；通过在线测评及时反馈学生的学习效果,帮助他们不断改进和提升。

学生是教学活动的主体,他们的参与度和反馈直接影响到教学效果。教师可以通过平台的互动功能,鼓励学生积极参与课堂讨论和活动,及时了解学生的意见和建议,不断优化和改进教学设计。通过这样的方式,教师不仅可以提高教学的有效性,还能增强学生的学习体验和满意度。教学设计是一个动态的过程,需要教师不断地反思和调整。教师应当随时关注学生的学习情况和反馈,根据实际情况进行调整和改进。通过不断探索和实践,教师可以逐步找到最适合自己教学风格和学生需求的设计方法。

(三) 学生指导

通过引导学生正确使用教育平台进行学习,教师可以大大提高学生的自主学习能力和信息素养。教师需要帮助学生熟悉和掌握教育平台的基本功能和操作方法。许多学生在初次接触教育平台时,可能会感到迷茫和不知所措。教师应当耐心地向学生讲解平台的各项功能,如何查找学习资源、如何提交作业、如何参与在线讨论等。这种基础指导能够帮助学生快速适应平台环境,为后续的自主学习打下坚实的基础。自主学习要求学生具备良好的时间管理和自我规划能力。教师可以通过平台提供的工具,帮助学生制订学习目标和计划,明确每天、每周甚至每月的学习任务。这样的指导不仅能够帮助学生养成良好的学习习惯,还能提高他们的学习效率和效果。

信息素养包括信息获取、评估、利用和管理的能力。学生需要具备较强的信息素养,才能有效利用教育平台上的各种资源。教师可以通过实例教学,向学生展示如何通过平台进行有效的信息检索和资源筛选,如何评估信息的可靠性和准确性,如何利用平台进行知识整合和创新。这种指导不仅有助于学生在学术上的进步,还能提升他们在未来生活和工作中的信息处理能力。教师应当鼓励学生在学习过程中积极探索和思考,培养他们的自主学习意识和能力。教师可以设置一些开放性的问题和任务,鼓励学生自主查找资料、提出问题并进行讨论和交流。学生能够在自主探究中不断提高学习兴趣和能力，逐步形成自主学习的习惯。

自主学习过程中，学生可能会遇到各种困难和挑战，甚至产生焦虑和挫败感。教师应当及时关注学生的心理状态，给予他们必要的支持和鼓励。通过平台的互动功能，教师可以定期与学生进行沟通，了解他们的学习进展和困难，帮助他们树立信心，克服困难，保持积极的学习态度。每个学生的学习能力、兴趣和需求各不相同，教师可以通过平台提供的学习数据和分析工具，了解每个学生的学习情况，针对性地提供个性化的学习建议和辅导。这样的个性化指导不仅能够满足学生的不同需求，还能大大提高他们的学习效果和满意度。

（四）评价反馈

评价和反馈机制能够帮助平台及时收集师生的使用体验。通过定期开展用户调查、设置意见反馈窗口以及组织用户讨论会等方式，平台可以全面了解师生在使用过程中的感受和需求。这种直接的反馈有助于发现平台存在的问题和不足，为后续改进提供具体的方向和依据。平台需要配备专业的分析团队，对师生反馈的数据进行分类、整理和分析。可以识别出常见的问题和用户的主要诉求，从而制定针对性改进措施。比如，若多数教师反映某一功能操作复杂，平台可以简化该功能的操作流程，提高用户体验。

有效的评价和反馈机制还应包括对平台优化措施的跟踪和评估。每次更新和改进后，平台应及时收集用户对新功能和改进措施的反馈，了解这些改变是否真正解决了问题，是否受到了用户的欢迎。这种持续的评估可以确保平台始终朝着满足用户需求的方向发展，避免资源浪费和无效改进。平台应当通过各种方式鼓励师生积极参与反馈过程，设立激励措施、表彰积极反馈者等。同时，平台需要确保反馈渠道的畅通和便利，使用户能够随时随地提交意见和建议。只有这样，评价和反馈机制才能真正发挥作用，持续推动平台的优化和进步。

通过公开透明的方式，平台可以向用户展示其对反馈的重视程度和处理结果。这不仅能够增强用户的信任感,还能提升用户的满意度和忠诚度。用户看到自己的意见得到了重视和采纳,会更加积极地参与到平台的使用和改进过程中来。平台应当配备专业的技术支持团队,及时响应用户在使用过程中遇到的技术问题和困难。通过快速有效的技术支持,平台可以减少用户的不良体验感,提高用户满意度。

平台的优化不仅仅是技术上的改进,还应包括服务和支持体系的完善。通过评价和反馈机制,平台可以了解用户在使用过程中的服务需求,进而优化客服系统、提供更为全面使用指南和培训资源。这种全方位的优化措施,能够提升用户的整体使用体验,使平台真正成为教育教学的有力助手。

第十一章 有效数学教学的创新与改革

第一节 对接"专业"的数学思想融合融汇

一、对接"专业"的理论基础巩固

数学作为科学和工程学的基础,其重要性不言而喻。其理论知识在不同专业领域中都有广泛应用,成为学生掌握专业技能和解决实际问题的关键。因此,学生必须牢固掌握基本的数学理论。这些理论包括代数、几何、微积分、统计学等,它们不仅是数学学习的核心内容,也是许多专业课程的基础。代数作为数学的基本分支,涵盖了从简单的算术运算到复杂的方程求解。学生通过学习代数,可以理解变量、方程和函数等概念,掌握处理和解决各类数学问题的技巧。这些代数知识在许多专业中都有应用,如工程、经济、计算机科学等。例如,工程学中的电路分析、经济学中的供求模型以及计算机科学中的算法设计,都离不开代数知识的支持。学生通过学习几何,可以理解点、线、面、体的性质和关系,掌握如何在二维和三维空间中进行计算和推理。这些几何知识在建筑、机械设计、物理等领域有着广泛的应用。例如,建筑师在设计建筑物时需要使用几何知识来计算结构的稳定性,机械工程师在设计零部件时需要考虑几何形状的精确性,物理学家在研究物体运动时需要运用几何来描述轨迹和位置变化。

微积分是数学中一门非常重要的学科,主要研究函数的变化率和累积量。

通过学习微积分，学生可以理解导数和积分的概念，掌握计算变化率和累积量的方法。这些知识在许多科学和工程领域中都有应用，如物理中的运动学和动力学、经济学中的最优化问题以及生物学中的模型分析。例如，物理学家通过微积分计算物体的速度和加速度，经济学家通过微积分寻找最大利润和最小成本，生物学家通过微积分分析生物过程的变化规律。统计学是研究数据收集、分析、解释和呈现的方法。学生通过学习统计学，可以理解概率、分布、抽样、假设检验等概念，掌握处理和分析数据的方法。这些统计知识在医学、社会科学、市场研究等领域中都有广泛应用。

二、对接"专业"的课程设计结合

在现代教育体系中，不同专业对数学的需求各不相同。例如，工程学中需要大量的微积分和线性代数知识，而经济学则更侧重于统计和概率理论。因此，教师在设计专业课程时，应注重将相关的数学思想融入课程内容中，使学生能够理解数学思想在专业领域中的具体应用。在工程学的许多分支中，微积分和线性代数是不可或缺的工具。微积分在描述物理现象、计算变化率和累积量方面有着重要作用。线性代数则在处理多变量系统和解线性方程组时非常关键。教师在设计工程课程时，可以通过实际工程案例，如桥梁设计中的应力分析、信号处理中的傅里叶变换等，来展示微积分和线性代数的应用。这样的课程设计不仅能够帮助学生理解复杂的数学概念，还能使他们看到数学在实际工程问题解决中的重要性和实用性。

经济学研究中常常需要处理大量的数据，通过统计分析来做出合理的经济预测和决策。例如，教师在讲解统计学时，可以结合经济学中的实际案例，如市场需求预测、投资风险评估等，来说明统计和概率理论的应用。通过这些实际案例，学生能够更好地理解统计方法和概率理论在经济研究中的作用，提升他们在经济分析中的数学应用能力。计算机科学作为一个高度依赖数学的领域，其课程设计也需要注重数学思想的融入。算法设计、数据结构、人工智能等计算机科学的核心内容都离不开数学的支持。教师在讲解这些内容时，可以通过具体的编程实例和算法实现，来展示数学在计算机科学中的应用。例如，讲解图论时，可以通过网络路径优化问题来说明图论的基本概念和算法；讲解线性代数时，可以通过图像处理中的矩阵变换来展示其应用。这样的课程设计不仅能够帮助学生掌握计算机科学的核心知识，还能培养他们解决实际问题的能力。

微积分在描述物体运动、计算电磁场等方面有着广泛应用。教师在设计物理课程时，可以通过实际物理现象和实验，来展示数学在物理学中的应用。例如，讲解牛顿运动定律时，可以结合微积分的基本原理来分析物体的运动轨迹；讲解电磁学时，可以通过麦克斯韦方程组来说明场的变化。通过这些具体的实例，学生能够更直观地理解物理现象背后的数学原理，提升他们的综合分析能力。生物信息学、系统生物学等新兴学科都需要数学模型和统计分析的帮助。教师在设计生命科学课程时，可以通过生物实验数据的分析、基因组序列的处理等具体案例，来展示数学在生命科学中的应用。例如，讲解基因组学时，可以结合统计学中的相关方法，来分析基因序列数据；讲解系统生物学时，可以通过微分方程模型来描述生物系统的动态行为。这样的课程设计不仅能够帮助学生掌握生命科学的核心知识，还能培养他们在生物研究中的数学应用能力。

三、对接"专业"的问题解决能力培养

数学思想不仅仅是理论知识的积累，更是逻辑思维和分析能力的体现。因此，培养学生运用数学思想解决专业领域中的具体问题显得尤为重要。教师应通过实际问题和案例分析，帮助学生理解和应用数学思想。实际问题和案例分析可以使学生将抽象的数学概念与具体的专业应用联系起来，增强他们的理解力和应用能力。例如，教师可以在工程学课程中，通过桥梁设计的应力分析案例，展示如何运用微积分和线性代数解决结构设计中的复杂问题。这不仅帮助

学生掌握数学知识，还使他们看到数学在专业领域中的实际应用价值。通过小组讨论、项目研究等形式，学生可以在合作中互相学习，分享不同的思维方式和解决方案。这种互动式的学习模式，有助于培养学生的团队合作精神和沟通能力，使他们在解决实际问题时更加自信和从容。教师可以通过设定开放性的问题，激发学生的创造性思维和探索精神，帮助他们在解决问题的过程中不断创新。

数学思想的核心在于逻辑推理和严谨的分析过程。在教学中，教师可以通过讲解经典的数学问题和解决方法，帮助学生理解数学推理的步骤和逻辑链条。通过解析数学建模竞赛中的经典案例，教师可以引导学生从问题描述、模型建立、求解方法到结果分析，系统地进行逻辑推理和分析训练。这种系统的训练有助于学生在面对复杂问题时，能够条理清晰地进行分析和推理，从而找到有效的解决方案。同时，教师应通过多种形式的练习和实践，帮助学生巩固和应用所学的数学思想。通过实验、模拟和实地考察等实践活动，学生可以在真实环境中运用数学思想解决问题。

教师还应注重学生的个性化培养，根据不同学生的特点和需求，提供有针对性的指导和支持。教师可以通过个别辅导和小组学习，帮助他们补充基础知识，逐步提高他们的数学应用能力；教师可以提供更具挑战性的任务和项目，激发他们的学习兴趣和创新潜力。通过这种个性化的培养方式，学生可以在自己的节奏和水平上，不断提高问题解决能力。教师应鼓励学生在课外积极参与各种数学相关的竞赛和活动，通过实践检验和展示他们的数学应用能力。例如，数学建模竞赛、编程比赛、科研项目等，都是学生展示和提高数学应用能力的重要平台。通过参与这些活动，学生可以不断挑战自我，拓宽视野，提升综合素质和创新能力。

四、对接"专业"的跨学科互动

许多专业领域的问题需要跨学科的知识和技能，数学思想作为其中的重要组成部分，可以通过跨学科的合作和互动得到更好应用和发展。学校应鼓励不同专业的学生和教师进行跨学科的交流与合作，通过联合项目和研究，促进数学思想在不同专业中的融合和创新。

五、对接"专业"的教学方法创新

不同学科的知识和方法论可以互相借鉴和融合，产生新的解决方案和研究思路。数学思想在科学研究中扮演着重要角色，通过跨学科合作，数学理论和方法可以应用于解决实际问题。数学与生物学的结合可以促进生物信息学的发展，通过数学模型分析生物数据，从而揭示基因序列的结构和功能；数学与经济学的结合可以通过数理模型预测市场行为，优化经济决策。这些跨学科的创新不仅拓展了数学的应用范围，也推动了各学科的发展。

在跨学科合作中，学生需要运用多种知识和技能，解决复杂的实际问题。这不仅锻炼了他们的数学能力，也培养了他们的团队合作精神、沟通能力和解决问题的能力。例如，在一个涉及环境科学和数学的项目中，学生需要通过数据分析和数学建模，评估环境政策的效果，提出改进建议。这种跨学科的实践可以使学生在实际操作中，体会到数学思想的价值，提升他们的综合素质和职业能力。不同学科的教师在合作中，可以互相学习和借鉴，提升自己的教学和研究水平。

学校应采取措施，积极促进跨学科的交流与合作。可以通过设立跨学科研究中心，组织跨学科的研讨会和工作坊，鼓励学生和教师参与跨学科项目和竞赛。例如，学校可以设立"数学与应用科学"研究中心，汇聚数学、物理、生物、计算机等学科的师生，共同开展前沿研究；组织"跨学科创新论坛"，邀请不同学科的专家学者，分享最新的研究成果和创新思路。通过跨学科的项目和研究，学生和教师可以在实践中，不断探索和应用数学思想。

第二节 对接"课程"的数学教学能力提升

一、对接"课程"需求的教师专业素质提升

教师在提升专业素质时，应当深入理解课程标准。这一基础性工作不仅是设计教学活动的前提，更是确保教学内容与课程要求紧密对接的关键。只有真正把握课程标准，教师才能在教学过程中有的放矢，使学生在有限的课堂时间内高效掌握所需知识。传统的教学模式已无法满足学生的学习需求。因此，教师应积极探索和应用信息化教学手段，如利用多媒体课件、在线教学平台等，提升课堂的趣味性和互动性。此外，互动式教学模式也应成为教师教学中的常态，通过小组讨论、角色扮演等方式激发学生的学习兴趣和主动性，使其在参与中获取知识和技能。

教学不仅仅是知识的传递，更是能力的培养。教师应保持持续学习的态度，积极参加各种专业培训和学术交流活动。这不仅有助于其掌握最新的学术动态和研究成果，也能开阔视野，提升自身的专业素养和教学能力。通过与同行的交流和切磋，教师可以获得宝贵的教学经验和创新思路，为教学注入新的活力。教学过程中遇到的问题和挑战，往往是提升专业素质的良机。教师应善于总结经验，发现不足，不断改进教学方法和策略。通过实践中的不断探索和调整，教师不仅能提升自身的教学能力，也能更好地适应课程需求，为学生提供高质量的教育服务。在提升专业素质的过程中，教师还应关注学生的个性化需求。每个学生的学习背景和能力不同，教师应灵活调整教学内容和方法，因材施教，帮助每个学生充分发挥其潜能。通过个性化的教学，教师不仅能提高教学效果，也能赢得学生的信任和尊重。

二、对接"课程"实施的教师教学策略优化

在教学策略的优化过程中，教师需首先根据课程标准和学生的实际情况，合理安排教学内容。这意味着教师必须深入了解每个学生的学习水平和需求，以科学规划教学进度，确保每个教学目标都能切实实现。通过这种有针对性的教学安排，教师不仅能够帮助学生更有效地掌握知识，还能在教学过程中发现和解决学习中的实际问题，提升教学质量。案例教学、探究式学习和小组合作等方法，能够让学生在互动和实践中获得更深刻理解和体会。案例教学通过真实或模拟的情境，引导学生将理论知识应用于实际问题，增强其分析和解决问题的能力。

为了确保这些教学方法的有效实施，教师还必须具备良好的课堂管理能力。一个井然有序的课堂环境，是高效教学的基本保障。教师应通过合理的课堂规则和纪律管理，营造出一个积极向上的学习氛围。教师的管理方式应既严格又灵活，既要维护课堂秩序，又要尊重学生的个性和需求，让每个学生都能在和谐的氛围中愉快地学习和成长。通过定期的课堂讨论、问答环节和课后作业反馈，教师可以及时了解学生的学习进度和理解情况。这种互动不仅能帮助教师及时调整教学策略和方法，也能增强学生的学习参与感和主动性，使他们更加积极地投入学习中去。

教师在对接"课程"实施过程中，必须通过合理安排教学内容、多样化的教学方法和有效的课堂管理来优化教学策略。只有这样才能真正激发学生的学习兴趣和主动性。同时，教师还应不断反思和改进自己的教学实践，及时根据学生的反馈和实际情况进行调整，确保教学策略的有效性和科学性。教师不仅能实现教学目标，还能为学生创造一个积极、互动和高效的学习环境，培养其全面发展的能力和素质。

三、对接"课程"评价体系的教师能力提升

多元化评价手段不仅包括过程性评价和终结性评价,还涵盖学生自评与互评等多种形式。过程性评价可以帮助教师在教学过程中及时了解学生的学习状态和进展,及时发现并解决问题。终结性评价则用于综合考查学生在整个学习阶段的掌握情况。学生自评与互评能够增强学生的自主学习意识和责任感,同时培养其评判和反思能力。这些多样化的评价手段相结合,可以全面而客观地评价学生的学习效果和能力发展,确保评价的全面性和科学性。

教师在设计评价指标时,必须根据课程标准和教学目标,确保每一项指标都有明确的指向性和操作性。合理设置评价内容和权重,使每个评价指标都有其特定的评判标准,避免评价的主观性和随意性。这样不仅能提高评价的公正性和科学性,还能使学生明确学习目标,了解自身的优缺点。教师应善于利用评价结果,深入分析学生的学习情况和存在的问题。通过评价反馈,教师可以全面了解学生的学习特点和学习进度,从而及时调整教学策略和方法。评价不仅是对学生学习效果的检查,也是教学过程中重要的反馈机制。教师通过评价反馈,能够发现教学中的不足之处,并不断改进教学方法。

评价不仅是对学生的评价,也应是教师自身教学效果的评价。教师应通过学生的评价结果,反思自己的教学实践,找出教学中存在的问题和不足,并积极寻求改进的途径。通过这种不断的自我反思和改进,教师可以不断提高自身的教学能力和水平。教师在提升评价能力的过程中,还应注重与学生的沟通和互动。教师可以更深入地了解学生的学习需求和困惑,有针对性地进行指导和帮助。同时,教师应积极听取学生的意见和建议,不断改进和完善评价体系,使之更加科学和有效。

四、对接"课程"资源的教师整合能力提升

利用数字化教学平台,可以将各种丰富的教学资源整合在一起,方便学生

随时随地进行学习。数字化资源如电子教材、在线题库和多媒体课件等，能极大地丰富教学内容。此外，数学竞赛资料和学术讲座也是宝贵的资源，这些材料不仅能激发学生的学习兴趣，还能拓宽他们的知识面，帮助他们了解学科的前沿动态和实际应用。同时，学校应建立资源共享机制，鼓励教师之间的资源共享和合作。通过这种机制，教师可以互相分享和借鉴优秀的教学资源和经验，共同提高教学质量。资源共享机制可以包括建立校内教学资源库、定期组织教学经验交流会等，使得每位教师都能方便地获取和利用丰富的教学资源。在这样的协作环境下，教师不仅能节省备课时间，还能不断提高自身的教学水平和能力。

教师在教学中应结合实际案例，使理论知识与实际应用相结合。这种教学方式不仅能帮助学生更好地理解和掌握抽象的数学概念，还能提高他们解决实际问题的能力。通过实际案例教学，学生能够看到数学在现实生活中的应用，增强他们的学习动机和兴趣。例如，在讲授概率论时，教师可以引入实际生活中的概率问题，如彩票中奖概率、疾病传播概率等，让学生在解决实际问题的过程中掌握理论知识。通过引入不同类型的教学资源，如视频教程、交互式练习、在线讨论等，教师可以为学生提供多渠道的学习支持，满足不同学习风格和需求的学生。教师还应不断提升自身的信息素养和技术应用能力，以更好地整合和利用各种教学资源。通过参加培训和进修课程，教师可以掌握最新的教育技术和教学工具，信息技术的应用不仅能提高教学效率，还能为教学创新提供更多的可能性。

第三节 对接"竞赛"的数学建模能力培养

一、对接"课程"设计数学建模竞赛内容

设计数学建模竞赛内容时，首先要确保竞赛内容与数学课程标准和教学目标紧密结合。这一原则不仅有助于巩固学生在课堂上学到的知识，还能使学生

在竞赛中得到系统复习和应用。竞赛不仅成为知识的检验工具，也成为教学内容的延伸和深化平台，帮助学生在实际操作中理解和掌握数学概念和方法。根据学生的不同学习阶段和能力水平，设计不同难度和层次的竞赛题目是至关重要的。不同的学生有着不同的认知水平和学习能力，统一的题目设置往往不能满足所有学生的需求。通过分层设计竞赛题目，可以让每个学生都能在自己的能力范围内找到挑战，从而激发他们的学习兴趣和参与热情。这样不仅能提高竞赛的参与度，还能让学生在解决问题的过程中不断提升自己的能力。

竞赛题目应特别注重实际应用，结合现实生活中的问题进行设计。数学建模的核心在于将抽象的数学理论应用于具体的实际问题，这种应用性能帮助学生理解数学的实用价值。通过实际应用问题的设置，学生可以在竞赛中学会如何将理论知识转化为实践解决方案，提高其综合运用知识的能力。例如，可以设计一些涉及环境保护、交通规划、经济预测等领域的问题，体会数学的魅力和价值。同时，在设计竞赛内容时，教师还应关注题目的创新性和多样性。创新性的题目能激发学生的创造力和想象力，而多样性的题目则能全面考查学生的综合素质。通过设计具有挑战性和多样性的竞赛题目，教师可以引导学生在不同的情境中运用数学知识，提高其灵活性和适应性。这样不仅能提高学生的数学素养，还能培养其创新思维和解决复杂问题的能力。竞赛设计的过程中，还需考虑到竞赛的公平性和公正性。确保每个学生在竞赛中都有平等的机会展示自己的能力，是竞赛设计的重要原则。通过科学合理的竞赛规则和评分标准，可以保证竞赛的公平性，使学生在一个公正的环境中进行竞争和学习。

二、对接"课程"提升数学建模竞赛训练效果

通过在类似真实竞赛的环境中进行训练，学生能够更加熟悉竞赛流程和题型。这种模拟训练不仅能够帮助学生了解实际竞赛的节奏和要求，还能够提升他们在竞赛中的应对能力和自信心。例如，模拟竞赛中使用的题目和评审标准与正式竞赛一致，这种真实的训练环境能够有效提高学生的竞赛表现。教师应

对学生在建模过程中的表现进行详细观察，并及时提供反馈。这种反馈不仅应包括对学生建模过程的评价，还应针对其具体的问题和不足进行详细指导。教师可以指出学生在模型构建中的逻辑漏洞，或是在数据处理中的错误。这种个性化的指导能够帮助学生不断改进其建模能力，从而在实际竞赛中表现得更加出色。

通过结合过程性评价和终结性评价，可以全面评估学生的数学建模能力和竞赛表现。过程性评价关注学生在训练过程中的表现，他们的团队合作能力、问题解决能力以及模型开发的进展。这种评价方式能够帮助教师及时发现学生的不足，并进行针对性改进。而终结性评价则重点评估学生在最终模拟竞赛中的整体表现，包括他们的模型质量、解决问题的效果以及竞赛的综合成绩。这种综合评价方式能够为学生提供全面的反馈，帮助他们了解自己的优劣势，并在未来的竞赛中做出相应的调整和提升。

三、对接"课程"整合数学建模资源

为了有效整合数学建模资源，首先需要积极开发和利用各类教学资源。这包括了建模教材、教学视频以及在线课程等多种形式的资源。这些资源不仅能为学生提供丰富的学习材料，还能拓宽他们的学习途径。通过精选的建模教材，学生可以深入理解数学建模的理论和方法，而教学视频和在线课程则能够提供直观讲解和实际案例，帮助学生更好地掌握建模技能。综合利用这些资源，能够显著提高学生的建模能力和学习效果。

通过组织学生参加各种数学建模竞赛和交流活动，能够有效拓宽学生的视野，提升他们的建模水平。学校可以定期举办校内建模竞赛，鼓励学生将所学理论应用于实践，同时还可以安排学生参加校外的全国性或国际性竞赛。这样的活动不仅能够增强学生的实战经验，还能促使他们学习到其他团队和个人的优秀建模技巧，从而提升自身的建模能力。教师可以通过互相交流和合作，共同开发和利用数学建模教学资源。学校可以组织教师研讨会，邀请外部专家开展讲座和指导，并分享教学经验和资源。教师之间的合作不仅能促进资源的共享，还能够激发新的教学思路和方法，从而提升数学建模教学的整体水平和效果。

第四节 对接"四新"的数学教师教学创新

一、对接"四新"理念的教师教学观念更新

教师在教学中引入"四新"理念，即新思想、新方法、新技术、新材料，是更新教学观念、提升教学质量的重要步骤。教师应积极吸收并应用新的教育思想。这些新思想强调培养学生的创新能力和批判性思维，如问题导向和探究式学习等方法，能够有效激发学生的创造力。教师应不断更新自己的教学理念，关注教育发展的前沿，确保教学内容和方法始终与时代发展同步，从而提升教学的前瞻性和创新性。在教学方法上，教师需要引入创新的教学策略。采用探究式学习、合作学习等方式，使学生在解决实际问题的过程中掌握知识和技能。通过这些新方法，学生能够在实践中应用所学理论，增强他们的实际操作能力和解决问题的能力。这种以问题为导向的学习方式，能够提高学生的自主学习能力和探索精神，使他们在不断尝试和探索中获得真正的知识和技能。

现代教育技术的发展提供了丰富的教学工具和资源，如数字化教学平台、虚拟实验室等。这些技术手段可以使教学内容更加生动、直观，并增强学生的互动体验。利用数学建模软件进行动态演示，或通过在线资源引导学生进行自主学习，这些新技术的应用能够提升教学效果。教师还应关注新材料的应用，如新教材、新教具等，这些材料的引入能够丰富教学资源。教师应将数学与物理、化学、计算机等其他学科相结合，开展综合性的教学活动。这种跨学科的教学不仅能够帮助学生理解数学在实际问题中的应用，还能培养他们的综合能

力和创新能力。通过这种多学科的融合，学生能够从不同的视角理解和解决问题，提升他们的综合素质和创新能力。

二、对接"四新"技术的教学方法创新

教师应充分利用大数据、人工智能、虚拟现实等先进技术，创新教学方法，以提高教学效率和学生的学习体验。大数据技术的应用能够帮助教师全面了解学生的学习状态。教师可以获得学生的学习行为和成绩反馈，识别学习中的问题和趋势。这种信息的收集和分析，使教师能够制定个性化的教学策略。AI 可以用于开发智能辅导系统和自动评估工具，为学生提供个性化的学习建议和实时反馈。教师可以利用 AI 进行智能化的作业批改和测试评估，这不仅节省了时间，还提高了评估的准确性。此外，AI 技术还能通过预测学生的学习成绩，帮助教师提前采取干预措施，从而提升学生的学习效果。

教师可以利用虚拟现实创建模拟的学习环境，进行虚拟实验和模拟训练。这种技术的使用使得抽象的数学概念变得更加具体和直观，帮助学生在虚拟环境中进行实践操作。虚拟现实技术可以用于数学建模的实际演示，让学生在虚拟世界中体验数学模型的应用效果，提高他们的学习兴趣和参与度。教师可以使用电子教材、在线课程、教学软件等丰富教学内容。这些资源能够提供多种学习方式和材料，帮助学生在不同的学习场景中获取知识。在线课程和教学软件可以为学生提供随时随地的学习机会，增强自主学习能力。此外，数字化资源的互动性和趣味性能够提高学生的学习兴趣，激发他们的主动参与。

结合线上线下教学模式，实施混合式教学是一种有效的教学创新方法。在线学习平台和线下课堂教学的结合，使学生能够在课外进行自主学习，同时在课堂上进行深入讨论和实践操作。教师可以通过线上资源提供理论知识，通过线下课堂进行互动教学和实践应用。这种模式不仅提高了教学的灵活性，还增强了学习的深度和广度，提高了学生的学习效果。

三、对接"四新"内容的课程改革

在课程改革中,依据"四新"理念(新思想、新方法、新技术、新材料),更新教学内容,确保课程的时代性和实用性显得尤为重要。引入最新的数学研究成果和实际应用案例,可以使课程内容与当前的学术前沿和实际需求保持同步。通过更新教材和教学资源,引入最新的数学理论和应用实例,教师能够让学生接触到当前的研究动态和实际问题,从而提升课程的前沿性和实用性。例如,将最新的数学算法或模型应用案例纳入教学内容,帮助学生了解数学在实际中的应用。开设数学创新课程,如数学建模、数学竞赛培训、数学与人工智能等,是课程改革的重要方向。数学建模课程可以培养学生解决实际问题的能力,通过实际案例和竞赛训练,提升他们的建模技巧和团队合作能力。数学竞赛培训则帮助学生在竞赛中锻炼思维能力和创新意识,进一步增强他们的数学素养。引入数学与人工智能课程,将数学理论与人工智能技术结合,培养学生在新兴领域的应用能力和创新意识。这些创新课程的设置,不仅丰富了教学内容,还拓展了学生的知识面,培养了他们的综合能力。

通过组织学生参与实际项目的研究和探讨,教师可以帮助学生将所学知识应用于实际问题的解决中。设立课题研究项目,让学生针对实际问题进行数据收集、分析和建模,提升他们的实践能力和解决问题的能力。项目式学习的实施,不仅增强了学生的动手能力和团队合作精神,还提高了他们的创新能力和自主学习能力。通过对接"四新"内容的课程改革,教学内容和教学方法得以更新和优化。这种改革不仅提升了课程的实用性和时代性,还激发了学生的学习兴趣和创新能力。

四、对接"四新"材料的教学资源开发

结合"四新"理念,开发新型教材是至关重要的步骤。教师应根据最新的研究成果和实际案例更新教材内容,确保教材具有前瞻性和实用性。教材中可

以引入最新的数学理论、实用算法或行业应用实例,这不仅帮助学生了解当前学术的前沿知识,也使课程内容更贴近实际需求。通过这样的教材更新,学生能够获得与现代科技和实际问题相关的知识,从而提升他们的学习兴趣和实践能力。利用多媒体资源,如教学视频、动画、仿真软件等,可以增强教学的互动性和直观性。教学视频和动画能够将抽象的数学概念具体化,通过动态演示帮助学生更好地理解复杂的理论和方法。仿真软件则可以在虚拟环境中模拟数学模型和算法的应用,使学生能够在实践中掌握知识。这些多媒体资源的使用,不仅提高了课堂的互动性和趣味性,还使学生能够以更直观的方式学习数学。

通过创建集中化的在线教学资源平台,可以汇集各类教学资源,包括教材、课件、视频教程等,方便教师和学生随时查阅和利用。这种平台的建设有助于资源的共享和利用,提高了教学资源的可及性和便利性。教师可以在平台上发布更新的教学资料和补充资源,学生则可以根据自己的学习需求随时获取相关内容。这种资源共享和管理模式,不仅优化了教学资源的配置,还提升了整体的教学效果。通过对接"四新"材料的教学资源开发,教育工作者能够为学生提供更具前瞻性和实用性的学习资源。这种开发方式不仅更新了教材内容,还利用现代技术提升了教学的互动性和直观性,并通过在线平台实现了资源的高效共享。这样的资源开发策略,有助于提高学生的学习效果,增强教师的教学能力,推动教育质量的全面提升。

第五节　对接"人才"的数学课程思政改革

一、对接"人才"需求的课程思政目标设定

在教育体系中,对接社会对人才的需求至关重要,这要求我们在数学课程中明确设置思政目标,以培养具有综合素养的高素质人才。数学课程应致力于

培养学生的数学素养和科学精神，这不仅包括掌握数学知识和技能，还应增强学生的社会责任感和道德品质。通过系统地设计课程目标，教师可以引导学生在学习数学的过程中理解科学精神的重要性，培养他们的逻辑思维能力和创新能力，这对于满足社会对高素质人才的需求至关重要。教师可以通过在课堂上引入实际的数学应用案例，展示数学与社会发展、科技进步之间的关系，帮助学生树立正确的价值观和人生观。通过数学建模的实际案例，让学生了解科学技术对社会发展的贡献，引导他们认识到个人的发展与社会的进步息息相关。这种教学方法不仅增强了学生的数学兴趣，也使他们意识到自己的学习和发展对社会的影响，从而提升他们的社会责任感。

根据学生的成长需求和特点，设计适合其发展的思政教育内容至关重要。教师应考虑学生的年龄、心理发展阶段及实际需求，设置切合实际的思政教育内容。在不同阶段的数学课程中，教师可以安排涉及伦理道德的讨论题目或社会问题的数学分析，帮助学生在掌握数学知识的同时，提升他们的思想道德素养和综合素质。这种有针对性的思政教育内容能够帮助学生更好地理解和融入社会，提高他们的社会适应能力和综合素质。通过对接"人才"需求的课程思政目标设定，我们能够确保数学课程不仅传授知识和技能，还能够培养学生的社会责任感和道德品质。这种目标设定不仅满足了社会对高素质人才的需求，也促进了学生的全面发展，使他们在学术和思想道德上都能取得长足的进步。

二、对接"人才"培养的课程思政内容设计

在数学课程的教学过程中，融入实际案例和思政元素是实现人才培养目标的关键策略。引入数学家事迹及数学在社会发展中的应用，能够有效激发学生的学习兴趣和爱国情怀。通过讲述数学家的励志故事和他们对社会进步的贡献，教师可以使学生认识到数学不仅是学术上的探索，更是推动社会发展的重要力量。这种引导不仅让学生了解到数学的实际应用，还能激发他们的爱国情怀和对学科的热爱，从而增强学习的积极性和主动性。

在设计课程思政内容时,设置与人才培养相关的专题讨论也是一种有效的策略。围绕"数学与社会进步"或"数学与科技创新"等专题,组织学生进行讨论和研究。这些专题讨论可以促使学生深入思考数学在社会和科技中的作用,培养他们的批判性思维和创新能力。还能够形成对数学与社会关系的全面理解,提升他们的社会责任感和综合能力。

三、对接"人才"成长的课程思政教学方法

在当代教育中,将思想政治教育(课程思政)有效融入课程教学中,已经成为提升学生综合素质的重要途径。采用多样化的教学方法是实现这一目标的关键策略。具体来说,案例教学、项目式学习和情境教学等方法,可以极大地增强课程思政的吸引力和感染力。通过具体的案例分析,学生不仅能够将理论知识与实际问题相结合,还能更深刻地理解思想政治教育的实际意义。项目式学习则通过实际操作和团队合作,使学生在解决真实问题的过程中感受到思想政治教育的实用性。情境教学则通过模拟真实环境,使学生在参与互动中自然接受思想政治教育的影响。

教师应鼓励学生参与课堂讨论和互动,不仅能够激发学生的思考和表达积极性,还能提高课堂的互动性和生动性。通过设立讨论话题、组织辩论赛等形式,可以使学生在参与过程中加深对思想政治教育内容的理解,并培养其批判性思维能力和表达能力。这种方法能显著提升学生对思想政治教育的兴趣和接受度。教师不仅要在课堂上展示专业知识和教学技巧,更应通过自身的言行举止和教学态度,树立良好的榜样。教师的言行直接影响学生的思想和行为,因此,教师应时刻保持高尚的品德和积极的态度,以潜移默化的方式引导学生树立正确的价值观和人生观。教师的自我修养和行为示范,会在潜在中对学生的思想和行为产生深远的影响。

四、对接"人才"发展的课程思政评价机制

实施过程性评价是一个重要的环节,它关注学生在学习过程中的表现和进

步。通过对学生的日常学习情况进行持续观察和评估,教师可以及时掌握学生的思想政治教育情况,发现其优点和不足。这样的反馈不仅帮助学生明确自己在思政学习中的成长轨迹,也为教师提供了宝贵的信息,以便针对性地调整教学策略。为全面评估课程思政的效果,建立一个综合性的评价体系是必要的。这个体系应包括多元化的评价方式,课堂表现、作业质量和实践活动等。课堂表现可以反映学生的参与度和思维活跃程度,作业质量则展示了学生对知识的理解和应用能力,而实践活动则检验了学生将理论知识应用于实际问题的能力。通过综合评价这些方面,可以全面了解学生在思政教育中的真实表现和学习成效。

教师应及时调整课程内容和教学方法,以确保思政教育与人才培养目标的高度契合。如果发现某些内容不够吸引学生或者教学方法不够有效,教师可以根据反馈信息进行改进。这种动态调整不仅能够提高教学质量,也能更好地满足学生的学习需求,帮助他们在思想政治教育方面取得更好的进展。此外,评价机制还应鼓励学生的自我评估和同伴评价,以促使学生主动参与到自我提升和相互学习中。自我评估可以帮助学生反思自己的学习过程,而同伴评价则能够提供多角度的反馈。通过这种多层次的评价机制,可以更全面地促进学生的成长和发展,从而实现课程思政的教学目标。

五、对接"人才"需求的课程思政资源建设

在对接"人才"需求的课程思政资源建设中,针对数学课程的特点,开发丰富的思政教育资源是关键。这些资源包括案例库、视频资料以及教学材料等,旨在为教师和学生提供充足的思政教育支持。案例库可以通过真实的数学应用案例,将思想政治教育与数学知识结合起来,使学生在解决实际问题的同时,增强对思想政治理论的理解。视频资源则能够通过生动的讲解和案例分析,帮助学生更直观地学习思想政治教育内容,而教学材料则为教师提供了系统的教学支持工具,提升了教学的系统性和针对性。该平台汇集各类优质资源,使教师和学生可以便捷地获取所需的教学材料和案例。资源共享平台不仅能够提高

资源的使用效率，还能扩大思政教育的覆盖面和影响力。通过平台的集中管理和推广，可以让更多的教育工作者和学生受益，形成广泛的教学资源网络，从而推动思政教育的全面开展。

提升教师的思政教育能力和水平也是确保课程思政实施效果的重要因素。加强对教师的思政教育培训，有助于提高其在教学过程中融入思想政治教育的能力和水平。培训内容应包括思想政治理论知识的更新、教学方法的改进以及教学实践的经验分享等。通过系统化的培训，教师能够更好地掌握思政教育的核心要义，并在课堂上有效实施。

参考文献

[1] 姚建法,陈建伟. 小学数学逻辑推理教学的三类问题与应对[J]. 教学与管理,2019(29):31-32.

[2] 沈利玲. 基于问题设计的小学数学概念教学[J]. 教学与管理,2019(29):45-47.

[3] 郭红卫. 浅析如何在小学数学教学中渗透德育教育[J]. 中国校外教育,2018(22):31.

[4] 朴丽莎,黄鑫. 课程思政下《数学建模与数学实验》的教学研究:以云南大学滇池学院为例[J]. 现代商贸工业,2021,42(35):150-151.

[5] 郝现亮. 新形势下小学数学教学中的德育渗透[J]. 考试周刊,2019(13):86.

[6] 张静,赵素芹. 立德树人视域下小学数学课程思政有效途径探析[J]. 学周刊,2023,18(18):97-99.

[7] 刘超虎,李昌繁,杨孝斌. 课程思政视角下高中数学教材数学史课程资源研究:以人教A版教材为例[J]. 凯里学院学报,2023,41(3):99-105.

[8] 刘招红. 探究核心问题驱动下小学数学深度学习的思与行[J]. 名师在线,2023(10):13-15.

[9] 王聪聪,李秀明. 探究小学数学课堂教学提问的有效性及优化策略[J]. 新课程教学(电子版),2023(5):105-106.

[10] 颜嘉伟. 以问启学因学善问——谈小学数学教学中的提问技巧[J]. 试题与研究,2023(11):171-173.

[11] 张莉倩. 问题, 学生深度学习的"法宝"——指向深度学习的小学数学课堂提问策略 [J]. 华夏教师, 2023 (5): 84-86.

[12] 胡晓颖. 有效提问引领深度学习的小学数学教学策略探讨 [J]. 数学学习与研究, 2023 (3): 38-40.

[13] 张维忠. 数学教育中的数学文化 [M]. 上海: 上海教育出版社, 2011.

[14] 张奠宙. 张奠宙数学教育随想集 [M]. 上海: 华东师范大学出版社, 2013.

[15] 史嘉. 数学文化就是要"文而化之" [J]. 数学教学, 2020 (12).

[16] 王金发. 小学教学实践中的数学文化重构 [M]. 广州: 世界图书出版广东有限公司, 2019.

[17] 张永梅. 数形结合思想在数学教学中的应用探究 [J]. 成才之路, 2023 (31): 121-124.

[18] 李亚密. 核心素养背景下数形结合思想在小学数学解题中的应用研究 [J]. 名师在线, 2023 (29): 54-56.

[19] 张淼. 数形结合巧说理, 思维碰撞促提升 [J]. 数学教学通信, 2023 (28): 69-71.

[20] 孔秀云. 以形助数以数解形——谈数形结合思想在小学数学教学中的应用策略 [J]. 名师在线, 2023 (25): 8-10.

[21] 胡雪东. 数形结合思想在高中数学教学中的应用 [J]. 数学学习与研究, 2023 (21): 14-16.

[22] 陈玉荣. 数形结合: 让小学数学教学提质增效 [J]. 名师在线, 2023 (23): 31-33.

[23] 张燕, 阎靖峥. 分步突破解函数, 数形分析破交点——以一道函数综合题为例 [J]. 数学教学通信, 2023 (23): 86-88.